Jasmin Putschbach

Farbenzauber der Mini-Kaninchen

Die schillernde Vielfalt der Zwergwidder, Minilops, NHDs und Miniwidder

Inhalt

Vorwort

Liebe Leserinnen und Leser,

ich freue mich, Ihnen dieses Werk präsentieren zu dürfen und hoffe, dass es Ihnen von Nutzen sein wird. Dieses Buch ist ein Resultat meiner Bemühungen, Ihnen das bestmögliche Informations- und Unterstützungserlebnis bieten zu können.

Dennoch bin ich mir bewusst, dass es immer Raum für Verbesserungen gibt. Wenn Ihnen beim Lesen dieses Werkes etwas fehlt oder Sie der Meinung sind, dass gewisse Inhalte oder Anregungen ergänzt werden sollten, zögern Sie nicht, mich zu kontaktieren. Ihre Vorschläge und Anregungen sind mir sehr wichtig und ich bin stets daran interessiert, meine Arbeit zu optimieren.

Sie können mich per E-Mail unter info@jasminputschbach.de erreichen. Ich stehe Ihnen jederzeit zur Verfügung und werde Ihre Nachrichten gewissenhaft bearbeiten.

Ich danke Ihnen für Ihr Vertrauen und wünsche Ihnen viel Freude beim Lesen und Entdecken dieses Werkes. Möge es Ihnen in Ihrem Alltag, Ihren Projekten und Entscheidungen von Nutzen sein.

In einer erstaunlichen Sphäre der Tierhaltung treffen wir in diesem Buch auf zahlreiche Rassen und Farbvarianten, die mit Leichtigkeit Züchter und Liebhaber weltweit begeistern. In dieser außergewöhnlichen Gemeinschaft nehmen die Kaninchen der Zwergwidder eine besondere Position ein. Ihre erkennbar großen Ohren und ihr freundliches Wesen haben die Zwergwidder nahtlos in die Herzen aller Tierliebhaber geschmuggelt.

In diesem Buch wollen wir in die Tiefe eintauchen und uns genauer mit den faszinierenden Farbvarianten der Zwergwidder beschäftigen. Von den traditionellen Tönen wie Weiß und Schwarz bis hin zu den exotischen Nuancen von Blau, Chinchilla und Sallander - jede Farbvariation verbirgt eine einzigartige Geschichte. Wir werden uns mit der Historie der Kaninchenzucht, verschiedenen Zuchtstandards und den geheimnisvollen genetischen Hintergründen hinter den diversen Farbgebungen auseinandersetzen.

Ganz gleich, ob Sie ein kundiger Züchter auf der Suche nach neuen Kenntnissen sind oder ein Einsteiger, der gerade erst in diese erstaunliche Welt der Kaninchenzucht eintaucht - dieses Buch verspricht umfangreiches Wissen und fesselnde Einblicke in das Reich der Zwergwidder und ihrer facettenreichen Farbwelt. Gemeinsam wollen wir uns auf diese wundervolle Expedition durch Farben und Geschichten begeben, die die Pracht und Vielfältigkeit dieser außergewöhnlichen Kreaturen zum Ausdruck bringt.

Mit herzlichen Grüßen,

Jasmin Putschbach

Danksagung

Liebe Hobbyzüchter und Mitwirkende,

ich möchte euch von ganzem Herzen für eure wertvolle Unterstützung bei der Erstellung dieses Kaninchenbuches danken. Eure Beiträge in Form von Bildern und Texten haben einen bedeutenden Beitrag zum Erfolg dieses Projekts geleistet.

Durch eure großzügige Bereitstellung von Bildern konnte ich ein optisch ansprechendes Buch gestalten, das die Schönheit und Vielfalt der Kaninchenwelt zeigt. Jedes Bild spiegelt die Hingabe und Leidenschaft wider, die ihr als Hobbyzüchter für eure Tiere habt.

Auch allen, die sich mit Textbeiträgen eingebracht haben, gebührt großer Dank. Eure Expertise und Erfahrungen haben es ermöglicht, wertvolle Informationen in dieses Buch einzuflechten. Eure Beiträge haben nicht nur dazu beigetragen, Wissen zu vermitteln, sondern auch dem Buch eine persönliche und authentische Note verliehen.

Ohne eure großzügige Mitarbeit und euer Engagement wäre dieses Buch nicht möglich gewesen. Ihr habt eure Zeit, Erfahrung und Kenntnisse geteilt und dadurch dazu beigetragen, dass dieses Buch zu einem wertvollen Ressourcenwerk für Kaninchenliebhaber geworden ist.

Nochmals meinen herzlichen Dank an alle, die dazu beigetragen haben, sei es mit Bildern oder Texten. Ihr habt meine Erwartungen übertroffen und dafür bin ich zutiefst dankbar. Ich hoffe, dass dieses Buch viele Menschen inspirieren und ihnen Freude bereiten wird.

Unterschied Hobby- und Vereinszucht

Die Zucht von Zwergwiddern (und natürlich auch Mini Lops, NHDs und Miniwiddern. Der Einfachheit wird in diesem Buch meist von Zwergwiddern gesprochen) kann für viele Menschen ein faszinierendes Hobby sein. Doch es gibt auch Züchter, die den Schritt von der reinen Hobbyzucht zur Vereinszucht wagen. Doch was genau unterscheidet diese beiden Ansätze? In diesem Artikel werfen wir einen Blick hinter die Kulissen und beleuchten die Unterschiede zwischen der Hobby- und Vereinszucht bei Zwergwiddern.

Die Hobbyzucht von Zwergwiddern steht für unaufhörliche Begeisterung und eine persönliche Leidenschaft für diese faszinierende Rasse. Hobbyzüchter beginnen oft mit ein paar Kaninchen und verfolgen das Ziel, ihre Liebe zu Zwergwiddern zu teilen und ihre Bestände zu erweitern. In der Hobbyzucht steht die eigene Liebe zum Hobby an erster Stelle, und Züchter können nach ihren eigenen Vorlieben selektieren und verpaaren.

Der Schritt zur Vereinszucht bei Zwergwiddern bedeutet, dass Züchter sich an spezifische Standards und Richtlinien halten müssen, die von anerkannten Kaninchenzuchtverbänden oder -vereinen festgelegt werden. Die Auswahl von Zuchttieren und Verpaarungen wird streng kontrolliert, um die Rassequalität zu erhalten und zu verbessern. Durch die Zusammenarbeit mit anderen Züchtern in einem Verein können Kenntnisse und Erfahrungen ausgetauscht werden, was zu einer stärkeren Verbesserung der Rasse führt.

Hobbyzüchter streben oft nach individuellen Merkmalen und Varianten, die ihre Zwergwiddern so einzigartig machen. Sie können sich auf bestimmte Farbvarianten oder spezielle Merkmale konzentrieren, die sie persönlich reizvoll finden. Diese Freiheit und Kreativität in der Auswahl der Zuchttiere

ermöglicht es den Hobbyzüchtern, stolz auf ihre einzigartigen Zwergwidder zu sein.

Für Vereinszüchter liegt der Fokus auf der züchterischen Verbesserung der Rasse nach den festgelegten Standards. Die Zuchtziele sind strenge Konformität und Harmonie mit den Rassestandards, um Zwergwidder von höchster Qualität hervorzubringen. Die Vereinszucht strebt Perfektion in Bezug auf Körperbau, Farbe, Felltextur und andere spezifische Merkmale an.

Sowohl die Hobby- als auch die Vereinszucht haben ihren ganz eigenen Reiz und Wert. Die Hobbyzucht ermöglicht es Einzelpersonen, ihre persönlichen Vorlieben und Leidenschaften zu verfolgen und eine einzigartige Linie von Zwergwiddern zu schaffen. Die Vereinszucht hingegen legt Wert auf standardisierte Perfektion und eine systematische Verbesserung der Rasse. Beide Ansätze tragen zur Vielfalt und Weiterentwicklung der Zwergwidderzucht bei und beweisen, dass diese faszinierenden Tiere für jeden Zuchtinteressierten etwas zu bieten haben.

Was macht eine gute Hobbyzucht aus?

Gastbeitrag von Majestic Diamond's Mini Lops & Miniwidder

Heute möchte ich einen Beitrag verfassen, über meine persönliche Ansicht und Meinung, was einen seriösen (Kaninchen)Züchter ausmacht.

Ich habe eine kleine, sehr liebevoll geführte Hobbyzucht, die unter dem Namen Majestic Diamond's Mini Lops & Miniwidder geführt wird und sich im schönen Niedersachsen befindet. Natürlich ist die Liste mit Punkten, die bei einer Hobbyzucht wichtig sind, endlos lang, ich könnte sie bis ins Unendliche weiter schreiben, aber ich fasse nun mal die für mich wichtigsten Punkte in Kurzfassung zusammen.

1. Die Haltung der Tiere, sollte artgerecht sein, das heißt keine dauerhafte Buchtenhaltung, keine Käfighaltung, keine Einzelhaltung (ausgenommen sind potente Zuchtrammler, wenn diese unverträglich sind).

Pro Kaninchen sollte man mindestens 2 qm Platz einrechnen, sowohl als Liebhaber & auch als Züchter, denn Kaninchen sind extrem bewegungsfreudig und möchten ihre Instinkte ausleben.

2. Eine ausgewogene, artgerechte Ernährung ist mitunter das A und O, um gesunde und robuste Kaninchen zu haben.

Eine gute Ernährung sollte überwiegend aus Frischfutter (Wiese, Gemüse, Kräuter, manchmal etwas Obst) und Heu bestehen, zusätzlich gutes Strukturfutter (wie z.B. Grünhopper, kein minderwertiges Pelletfutter oder Ähnliches).

3. Ein Züchter sollte mindestens (!) Grundkenntnisse in den Punkten Genetik und Verhaltensweisen von Kaninchen besitzen.

Zucht bedeutet viel Verantwortung, es kann schnell einiges schief gehen und vor allem dann, wenn man nichts über Genetik (rezessive + dominante Gene, Megacolon, Zahnfehlstellungen etc.) weiß.

4. Ein liebevoller Umgang mit den Tieren, ist mir mindestens genauso wichtig, wie die oben genannten Punkte.

Ein Züchter sollte nur so viele Tiere haben, wie er auch anständig versorgen, beschäftigen und halten kann, das gleiche gilt auch für Würfe.

Ebenfalls sollte Empathie/Liebe gegenüber den Tieren vorhanden sein, denn eine Zucht bedeutet auch Herzblut und Liebe hineinzustecken.

5. Ein Züchter sollte stets auf das Wohlbefinden und die Gesundheit seiner Tiere bedacht sein, dies sollte oberste Priorität haben.

Tiere sind keine Gegenstände, es sind fühlende Wesen, die uns lieben und uns vertrauen.

6. Der finanzielle Aspekt, sollte niemals im Vordergrund stehen.

Ein guter Züchter, züchtet nicht des Geldes wegen, sondern weil die Zucht seine Leidenschaft, seine Herzensangelegenheit ist und es Freude bereitet.

Niemals sollte das Geld über dem Herzen stehen.

7. Regelmäßige Impfungen / Entwurmungen / Kuren / Untersuchungen / Behandlungen der Zuchttiere und Jungtiere sollten nicht die Ausnahme, sondern ein Normalfall sein.

Natürlich steht kein Züchter in der gesetzlichen Pflicht, seine Jungtiere impfen zu lassen und bis zu einem bestimmten Alter, bei geimpften Elterntieren, ist dies auch erstmal nicht nötig, allerdings sollten Jungtiere ab ca. 12 Wochen dann geimpft werden, auch wenn sie noch beim Züchter sind und eben noch nicht vermittelt.

Auch sollten die Zuchttiere mindestens grundlegend durchgecheckt werden, vor dem Zuchteinsatz, aber auch hier besteht (leider) keine gesetzliche Pflicht dies zu tun, da bleibt einem nur übrig, auf das Gute im Menschen zu vertrauen.

Wie geschrieben, es handelt sich hier um meine ganz persönliche Ansicht/Meinung und es sind bei weitem nicht alle Punkte aufgelistet, die aber mit auf die Liste gehören, denn sonst wird das alles zu lang.

Ich habe hier meine Gedanken sprechen lassen, mit den für mich wichtigsten Punkten, was für mich einen seriösen, guten Züchter ausmacht.

Natürlich definiert das wieder jeder etwas anders, aber ich denke, im Wesentlichen sind wir hoffentlich alle einer Meinung.

8. Zahnfehler (oder andere vererbbare Defekte) oder Tiere die Zahnfehler (oder andere vererbbare Defekte) vererben könnten, gehören nicht in die Zucht, solche Tiere sind grundsätzlich sofort aus der Zucht zu nehmen.

Leider entspricht dieser Punkt oftmals nicht der Realität, vieles wird unter den Teppich gekehrt, verleumdet und schön geredet - passt daher ganz genau auf, an welchen Züchter ihr euch wendet.

9. Häsinnen sollten grundsätzlich nicht vor ihrem vollendeten 6. Lebensmonat, zur Zucht eingesetzt werden, denn ebenso wichtig wie die körperliche Entwicklung, ist auch die geistige/psychische Entwicklung der Kaninchen.

Rammler sollten ebenfalls nicht vor dem 6. Lebensmonat eingesetzt werden, denn auch sie müssen erst "reifen".

10. Ich finde es nicht "ok", wenn Häsinnen zig Würfe in ihrem Leben aufziehen müssen und/oder viel zu oft und kurz hintereinander verpaart werden.

Eine Häsin sollte meiner Meinung nach immer mindestens (!) 6 Monate Pause bekommen, auch wenn sie eventuell verworfen haben sollte - denn auch dann ist die vorherige Trächtigkeit eine enorme Belastung gewesen, ebenso wie es psychisch auch sehr belastend für ein Tier ist.

11. Rückverpaarungen sind richtig & wichtig, um z.B. eventuelle Defekte "aufzudecken", oder auch um gewisse Merkmale der Tiere zu festigen.

Natürlich ist es wichtig, den Genpol in der Zucht, nicht unnötig "eng zu ziehen", sondern auch mit Fremdblut zu arbeiten, um sozusagen das Blut wieder "aufzufrischen".

12. Ein seriöser Züchter, nimmt in meinen Augen keine Stehohr x Schlappohr Verpaarungen durch, oder auch Megacolon behaftete, homozygote Schecken.

Die Zucht beinhaltet nicht einfach nur das Zusammensetzen zweier Kaninchen, sondern es verlangt auch ein immens großes Stück Fachkenntnisse, z.B. im Punkt Genetik der Tiere.

13. Ein guter Züchter sollte ebenfalls ehrlich mit seinen Fehlern umgehen, sie eingestehen und dafür geradestehen.

Züchter sollten sich stets gegenseitig und auch ihre Käufer unterstützen, sich respektvoll, ehrlich und aufrecht behandeln.

Majestic Diamond's Mini Lops & Miniwidder

Die Rasse Zwergwidder

Der Zwergwidder erfreut sich großer Beliebtheit bei Tierliebhabern und Züchtern gleichermaßen. Diese entzückenden kleinen Kaninchen sind bekannt für ihre charakteristischen hängenden Ohren, die sie zu einer der begehrtesten Kaninchenrassen machen. Neben ihrem ansprechenden Aussehen werden Zwergwidder auch für ihren freundlichen Charakter und ihre niedliche Erscheinung geschätzt.

Ursprung und Geschichte

Die Ursprünge des Zwergwidders reichen bis ins 19. Jahrhundert zurück. Die Rasse entstand aus der Kreuzung von kleinen Wildkaninchen mit kleineren Hauskaninchen, wodurch eine neue, kompakte Rasse entstand.

Erstmals wurde der Zwergwidder in Deutschland gezüchtet, wo er schnell an Popularität gewann. In den folgenden Jahren begannen auch andere europäische Länder wie England und die Niederlande mit der Zucht dieser faszinierenden Kaninchenrasse.

Zu Beginn des 20. Jahrhunderts wurde der Zwergwidder erstmals offiziell als Rasse anerkannt und seine Zucht wurde weiter vorangetrieben. Die Rasse gewann an Attraktivität und wurde sowohl bei Ausstellungen als auch als beliebtes Haustier immer populärer.

Heute gibt es verschiedene Farbvarianten des Zwergwidders, darunter Weiß, Schwarz, Braun und Grau. Die charakteristischen hängenden Ohren sind ein Markenzeichen dieser Rasse und verleihen ihr einen unverwechselbaren Charme.

Während einige Zwergwidder immer noch in der Zucht verwendet werden, sind sie vor allem als Haustiere bekannt. Ihre kleine Größe, ihre freundliche und sanfte Persönlichkeit sowie ihr niedliches Aussehen haben sie zu einer der populärsten Kaninchenrassen gemacht.

Die Geschichte des Zwergwidders ist geprägt von Leidenschaft und Engagement der Züchter, die daran gearbeitet haben, diese Rasse zu formen und zu perfektionieren. Ihre Anziehungskraft bleibt bis heute bestehen und sie erfreuen sich einer großen Beliebtheit bei Tierliebhabern auf der ganzen Welt.

Physische Merkmale

Zwergwidder zeichnen sich durch ihre besonderen physischen Merkmale aus, die sie unverkennbar machen. Hier sind einige Merkmale, die bei dieser Kaninchenrasse typisch sind:

1. Kompakte Größe: Zwergwidder sind im Vergleich zu anderen Kaninchenrassen relativ klein. Sie haben eine kompakte Statur, sind im Durchschnitt etwa 20 bis 40 Zentimeter groß und erreichen normalerweise ein Gewicht von etwa 1,2 bis 2,0 Kilogramm.
2. Hängende Ohren: Das charakteristischste Merkmal des Zwergwidders sind seine auffälligen hängenden Ohren. Diese Ohren verleihen ihm einen liebenswerten und charmanten Ausdruck. Die Ohren sollten gut entwickelt sein und in einem guten Verhältnis zur Kopfgröße stehen.
3. Runder, kompakter Körperbau: Zwergwidder haben einen runden und kompakten Körperbau. Sie haben eine breite Brust, kräftige Beine und einen kurzen, aber muskulösen Körper. Der Kopf ist proportional zur Körpergröße und hat eine abgerundete Form.

4. Dichte und weiche Felldecke: Das Fell des Zwergwidders ist dicht und weich. Es liegt in der Regel eng am Körper an. Es können verschiedene Fellfarben auftreten, darunter Weiß, Schwarz, Braun, Grau und viele andere Nuancen. Die Fellfarbe kann einheitlich sein oder verschiedene Muster aufweisen, wie zum Beispiel geschecktes oder marmoriertes Fell.
5. Kurze Gliedmaßen: Zwergwidder zeichnen sich durch ihre kurzen Gliedmaßen aus. Ihre Beine sind kräftig und proportional zum Körperbau. Die Pfoten sind klein und kompakt.

Diese physischen Merkmale verleihen dem Zwergwidder seinen unverwechselbaren Charme und haben dazu beigetragen, dass er zu einer der beliebtesten Kaninchenrassen als Haustier geworden ist. Das Aussehen dieser Tiere ist einfach liebenswert und macht sie zu wunderbaren Begleitern für Tierliebhaber jeden Alters.

Charakter und Verhalten

Der Charakter und das Verhalten von Zwergwiddern machen sie zu liebenswerten und begehrten Haustieren. Hier sind einige Merkmale, die typisch für diese Kaninchenrasse sind:

1. Freundlichkeit: Zwergwidder sind bekannt für ihren freundlichen Charakter. Sie sind in der Regel gesellig und liebevoll zu ihren Besitzern. Sie zeigen oft eine große Zuneigung und können eine starke Bindung zu ihren menschlichen Freunden aufbauen.
2. Sozialverhalten: Zwergwiddern sind gesellige Tiere und fühlen sich wohler, wenn sie in Gesellschaft anderer Kaninchen oder sogar anderen Haustieren gehalten werden. Sie genießen es, Zeit mit ihren Artgenossen zu verbringen und entwickeln oft enge Freundschaften.

3. **Neugier: Zwergwidder sind von Natur aus neugierig. Sie erkunden gerne ihre Umgebung und entdecken neue Dinge. Das stellt sicher, dass ihnen nie langweilig wird und sie stets aufgeschlossen und interessiert bleiben.**
4. **Intelligenz: Zwergwiddern sind intelligente Tiere und können verschiedene Kommandos lernen. Mit etwas Training können sie lernen, auf ihren Namen zu hören, einfache Tricks zu befolgen oder auf ihre Besitzer zuzugehen.**
5. **Aktivität: Obwohl Zwergwidder klein sind, sind sie dennoch sehr aktiv. Sie lieben es, herumzuhoppeln, zu rennen und zu spielen. Deshalb ist es wichtig, ihnen genügend Platz und Möglichkeiten zur Bewegung zu bieten, beispielsweise in Form von Freilaufgehegen oder speziellen Spielzeugen.**
6. **Sanftmut: Zwergwiddern sind bekannt für ihre sanfte Natur. Sie sind in der Regel ruhig und gelassen, was sie zu idealen Haustieren für Familien oder Menschen mit einem ruhigen Lebensstil macht.**

Es ist wichtig zu beachten, dass der Charakter und das Verhalten einzelner Zwergwidder individuell variieren können. Die Sozialisation, die Art der Haltung und die Beziehung zum Besitzer spielen eine wichtige Rolle bei der Ausprägung des Verhaltens. Mit liebevoller Pflege und Aufmerksamkeit können Zwergwiddern wunderbare Haustiere sein, die viel Freude und Zuneigung bieten.

Unterschied Zwergwidder, Mini Lop, NHD, Miniwidder

Für viele kann es schwierig sein, den genauen Unterschied zwischen verschiedenen Kaninchenrassen zu verstehen, da nicht jedes Kaninchen den Rassemerkmalen entspricht und einige Rassen sehr ähnlich sind.

Einfach ausgedrückt sind Deutsch-Zwergwidder, Englisch-Zwergwidder (Mini Lops) und Holländischer Zwergwidder (NHDs) unterschiedliche Bezeichnungen für verschiedene Rassen von Zwergkaninchen. Jedes Land hat leicht abweichende Rassestandards, die Merkmale wie Ohrenlänge, Körperform, Gewicht und Kopfform definieren.

Der Niederländische Zwergwidder (NHD), auch bekannt als Nederlandse Hangoor Dwergen, ist eine Kaninchenrasse, die in den Gewichtsbereich von etwa 1250-1700g fällt. Der Englische Zwergwidder, auch Mini Lop genannt, wiegt in der Regel zwischen 1200-1600g. Der Deutsche Zwergwidder (ZwW) reicht von ca. 1200-2000g.

Es ist wichtig anzumerken, dass der Begriff "Miniwidder" oft von Züchtern verwendet wird, um eine Mischung dieser verschiedenen Zwergwidder-Rassen zu beschreiben. Es handelt sich hierbei um eine modebezogene Bezeichnung, die nicht zu den offiziellen Rassestandards gehört.

Für Laien kann es eine Herausforderung sein, den genauen Unterschied zwischen diesen Rassen nachzuvollziehen, da sie sich ähnlich sind und individuelle Kaninchen nicht immer den Rassemerkmalen entsprechen. Es ist daher ratsam, sich von einem erfahrenen Züchter oder Tierexperten beraten zu lassen, um Klarheit über die Besonderheiten einzelner Kaninchenrassen zu erhalten.

Die Grundfarben

Die Welt der Zwergwidder-Kaninchen bietet eine faszinierende Vielfalt an Farben und Musterungen, aber unter all diesen herrlichen Variationen sind die Grundfarben Schwarz, Blau, Havanna und Feh besonders bemerkenswert.

Schwarz ist eine zeitlose und elegante Farbe, die bei Zwergwiddern sehr beliebt ist. Das tiefe und scheinbar endlose Schwarz verleiht ihnen einen edlen und geheimnisvollen Charme. Das schimmernde Fell in sattem Schwarz betont die schönen Konturen dieser Kaninchen und lässt ihr Erscheinungsbild geradezu majestätisch wirken.

Die Farbe Blau ist eine sanfte und beruhigende Option für Zwergwidder-Kaninchen. Das bläuliche Fell verleiht ihnen eine gewisse Sanftheit und Anmut. Es reicht von einem zarten Pastellblau bis hin zu einem kräftigeren stahlblauen Ton. Blaue Zwergwidder strahlen Ruhe und Gelassenheit aus und sind eine bezaubernde Wahl für Liebhaber von sanften Farbnuancen.

Havanna ist eine reizvolle Farbgebung bei Zwergwiddern. Das warme und schokoladenbraune Fell erinnert an süße Versuchungen und verleiht dem Kaninchen ein besonders herzliches Erscheinungsbild. Havanna-Zwergwidder haben eine ausgesprochene Eleganz und versprühen einen Hauch von Gemütlichkeit und Zuneigung.

Eine weitere Grundfarbe bei Zwergwiddern ist Feh. Die Farbe "Feh" ist eine faszinierende Variation, die bei Zwergwiddern vorkommt. Feh ist ein helles Grau-Blau, das dem Fell der Tiere einen einzigartigen und attraktiven Charme verleiht. Das Feh-Fell weist eine sanfte grau-blaue Tönung auf, die je nach Lichteinfall und individuellem Tier in verschiedenen Nuancen variieren kann. Es verleiht den Zwergwiddern einen eleganten und edlen

Look und macht sie zu besonderen und begehrten Haustieren. Der Begriff "Feh" wird auch gelegentlich als "Lux" bezeichnet und bezieht sich auf die hellblaue Tönung des Fells. Diese Farbvariante ist bei Zwergwiddern besonders attraktiv, da das Feh-Fell mit einer helleren Grundfarbe und einer dunkleren Bänderung kombiniert wird. So entsteht ein schönes Kontrastmuster, das dem Zwergwidder eine besondere Ausstrahlung verleiht.

Zwergwiddern mit der Farbe Feh sind in der Regel beliebt bei Züchtern und Tierliebhabern, die nach einzigartigen und ästhetisch ansprechenden Haustieren suchen. Die Feh-Farbe verleiht den Zwergwiddern eine gewisse Eleganz und Raffinesse, die sie von anderen Farbvariationen unterscheidet. Obwohl Feh nicht zu den klassischen Grundfarben gehört, hat es sich in der Zwergwidder-Zucht als eine begehrte und geschätzte Farbvariante etabliert. Die einzigartige Kombination aus hellem Grau-Blau macht Feh-Zwergwiddern zu wundervollen Begleitern und begeistert Tierliebhaber auf der ganzen Welt.

Die Grundfarben Schwarz, Blau, Havanna und Feh bei Zwergwiddern sind beeindruckende Beispiele für die natürliche Vielfalt und Schönheit dieser Kaninchenrasse. Jede Farboption bringt ihre eigenen einzigartigen Attribute und Charme mit sich. Ganz gleich, für welche Grundfarbe Sie sich entscheiden, Zwergwiddern in Schwarz, Blau, Havanna oder Feh sind zweifellos eine Augenweide und bereichern das Leben von Kaninchenliebhabern auf der ganzen Welt.

Was die Genetik der Grundfarben angeht, so ist Schwarz (abgekürzt durch C) dominant gegenüber Havanna (abgekürzt durch c). Wenn das Tier zusätzlich das rezessive Farbverdünnungsgen d doppelt (d d) trägt, ändert sich die Farbe Schwarz zu Blau (dunkelgrau). Durch das Vorhandensein des

doppelten Farbverdünnungsgens d wird aus einem genetisch havannafarbenen Tier die Farbe Feh (hellgrau). Havanna, Blau und Feh sind daher Farben, die man seltener sieht, weil sie rezessiv vererbt werden. Die Farbe Gelb bei Kaninchen ist eine besondere Farbvariante, die nur bei einer bestimmten Genkonstellation auftritt. Sie ist ebenfalls rezessiv und mit einem kleinen b (für geringere Verteilung von Schwarz, Havanna, Blau oder Feh im Fell) sowie dem Allel G (für Wildfärbung) verbunden.

Schwarz, Havanna, Blau, Feh und zum Teil Gelb sind Grundfarben, was bedeutet, dass ein Kaninchen nicht gleichzeitig zwei dieser Grundfarben aufweisen kann. Es kann entweder Schwarz oder Havanna sein, aber nicht eine Kombination aus Schwarz und Havanna. Allerdings kann es Träger der anderen Farben im rezessiven Allel sein und diese Merkmale an seine Nachkommen weitervererben.

Quelle: Miniwidder in Leipzig im Neuseenland
https://www.miniwidder-im-neuseenland.de/genetik

Zeichnungen und Muster

Wir werden nun genauer auf die verschiedenen Zeichnungen oder Muster eingehen, in denen die Grundfarben sich zeigen können. Alle zuvor erwähnten Grundfarben, mit Ausnahme von Gelb, sind in einer Vielzahl von unterschiedlichen Zeichnungen oder Mustern erhältlich. Einige dieser Muster sind dominanter als andere.

Wildfarbe (G)

Bei der Wildfarbe ist das schwarze, havannafarbene, blaue oder fehfarbene Fellkleid mit einer hellbraunen Bänderung verziert. Basierend auf diesem Merkmal ergeben sich spezifische Farbbezeichnungen:

1. (Schwarz) Wild/Agouti
2. Havanna Wild
3. Blau Wild, auch Perlfeh genannt
4. Feh Wild, auch Lux genannt

Wenn ein Tier das dominante "G" für Wildfarben nicht trägt, sondern das rezessive "g" für Nicht-Wild, dann hat es ein einfarbiges Fell in den Farbtönen Schwarz, Havanna, Blau oder Feh. Aufgrund dieser Vollfarben kann das Tier keine wildfarbenen Nachkommen haben.

In solchen Fällen sagt man, dass das Tier eine Vollfarbe trägt. Die Farben werden dementsprechend Schwarz, Blau, Havanna und Feh genannt.

Chinchilla (achi)

Wenn ein Tier das Chinchilla-Gen trägt, wird das ursprüngliche hellbraune Farbmerkmal der Wildfarbe in Weiß umgewandelt. In Kombination mit dem Wildfarbgen (G) können folgende Farbvarianten auftreten: Schwarz Chin,

Blau Chin, Havanna Chin und Feh Chin. Bei Tieren, die Vollfarbe tragen, ist das Chinchilla-Gen nicht sichtbar, da kein hellbrauner Fellanteil mehr vorhanden ist, der sich in Weiß verwandeln könnte.

Es gibt passagenweise Tierinserate, in denen behauptet wird, dass der Mini Lop die "sehr seltene Farbe Non Agouti Chinchilla Blau trägt". In Wirklichkeit handelt es sich dabei um Tiere mit einem äußerlich blauen Fell, das eigentlich lediglich eine normale dunkelgraue Färbung aufweist, jedoch das Chinchilla-Gen in sich trägt, aber nicht zeigt, da sie Vollfarbe oder Non Agouti sind. Diese Information kann für Züchter relevant sein, um die zu erwartenden Farben ihrer Nachkommen zu berechnen. Für Tierliebhaber oder kastrierte Tiere ist dies jedoch völlig unerheblich und es wäre sogar fragwürdig, ein Tier aufgrund der besonderen blauen Färbung anzupreisen. Das Blau eines Non Agouti chinchillafarbenen Kaninchens unterscheidet sich nicht von der Blaufärbung eines beliebigen anderen blau gefärbten Tieres.

Japaner (bj)

Wenn ein Tier das sogenannte Japaner-Gen (bj) trägt, bedeutet das, dass das Fell des Tieres im Gegensatz zum wildfarbenen Fellmuster nicht jedes einzelne Haar abwechselnd in den Farben Schwarz und Hellbraun trägt (gebändert), sondern dass die Farben in Form von Farbfeldern auf Haarbüscheln verteilt sind. Die genaue Verteilung des Schwarz-, Havanna-, Blau- oder Feh-Farbstoffs in Kombination mit Hellbraun kann sehr unterschiedlich sein. Einige Tiere mit Japaner-Färbung haben beispielsweise nur einen kleinen Farbstreifen und wirken ansonsten hellbraun.

Die Ausprägung der japanerfarbigen Färbung kann in jedem Tier variieren. Die tatsächliche Größe der Farbfelder und der Anteil an Schwarz, Havanna,

Blau oder Feh in Verbindung mit Hellbraun kann von Tier zu Tier unterschiedlich sein. Dadurch entstehen verschiedene Muster und Variationen innerhalb der Japaner-Färbung, wodurch jedes Tier seinen eigenen einzigartigen Look erhält.

Es ist wichtig zu beachten, dass die Japaner-Färbung eine genetische Variation ist, die bei einigen Kaninchenrassen vorkommt. Die Ausprägung und Intensität der Farbverteilung können von Rasse zu Rasse unterschiedlich sein.

Die Japaner-Färbung verleiht den Tieren ein interessantes und ansprechendes Aussehen. Die marmorierte Farbverteilung auf den Haaren gibt ihnen einen eigenwilligen Charme und fasziniert Kaninchenliebhaber aufgrund der individuellen Variationen und Muster.

Es gilt zu beachten, dass das Japaner-Gen die Farbmusterung beeinflusst, aber nicht die Grundfarben selbst. Die Farben Schwarz, Havanna, Blau und Feh bleiben als Grundfarben bestehen und werden durch die Japaner-Färbung in ihrem Erscheinungsbild modifiziert.

Mit dieser einzigartigen Färbung trägt ein Kaninchen, das das Japaner-Gen trägt, eine besondere Farbmusterung, die es von anderen Kaninchen unterscheidet und ihm einen ganz eigenen Reiz verleiht.

Rhön

Wenn das Japaner-Gen zusammen mit dem Chinchilla-Gen auftritt, entsteht eine besondere Farbvariante namens Rhön. Bei dieser Variante werden alle hellbraunen Felder durch weiß ersetzt, sodass das Tier eine marmorierte Erscheinung hat und entweder weiß-schwarz, weiß-blau, weißhavanna oder weiß-feh erscheint. Besonders die Schwarz-Rhön-Variante ähnelt dem Stamm einer Birke.

Die Rhönfarbe ist ein weiteres Beispiel dafür, wie die Interaktion von genetischen Merkmalen in der Kaninchenzucht zu faszinierenden Farbvarianten führen kann. Jede Rhönfarbe ist ein Unikat und verkörpert den Charme und die Schönheit der Natur.

Thüringer (b)

Das Thüringer-Gen ist das rezessivste Gen in dieser Reihe. Im Gegensatz zum Japaner sind bei dieser Farbvariante keine Schwarz-Feldmuster zu finden. Stattdessen weist das Tier rauchig gefärbte schwarze, blaue, havanna oder feh Abzeichen auf der Körperunterseite auf, während der restliche Körper hellbraun aussieht. Man kann sich ein Schwarz-Thüringer mit der Eselsbrücke "Bratwurst" merken: Die Bratwurst ist oben braun und die Unterseite wird beim zu heißen Grill etwas schwarz. Genauso sieht ein Schwarz-Thüringer aus.

Die Farbbezeichnungen dieser Gruppe sind Schwarz Thüringer, Blau Thüringer (Isabell), Havanna Thüringer (Orange) und Feh Thüringer (Separator).

Es ist wichtig zu beachten, dass im englischsprachigen Raum der Farbname "Orange" für gelbfarbene Tiere verwendet wird, die genetisch gesehen ebenfalls Thüringer sind und zusätzlich das Wildfarbgen (G) tragen.

Sallander

Das Thüringer-Gen tritt auch in Kombination mit dem Chinchilla-Gen auf, was dazu führt, dass das obere hellbraune Fell unserer Bratwurst fast weiß wird, also sehr hell. Diese Kombination nennt man Sallander oder auch weiße Bratwurst. Wie bei den bisherigen Variationen gibt es auch beim Sallander vier Varianten: Schwarz-Sallander, Blau-Sallander, Havanna-Sallander und Feh-Sallander.

Eine besondere Form des Sallanders tritt auf, wenn das Kaninchen zusätzlich das Wildgen trägt (wie im ersten Punkt erwähnt). Diese Tiere erscheinen oft fast weiß, wobei nur noch die Grannenhaare in den Farben Schwarz, Blau, Havanna oder Feh zu sehen sind. Diese Tiere werden Schwarzgranne genannt und vererben natürlich auch je nach Grannenfärbung Schwarz und Wild, wenn sie mit einem Tier gepaart werden, das das dominante Allel B für Farbe am ganzen Körper vererbt.

Die Kombination des Thüringer-Gens mit dem Chinchilla-Gen zeigt erneut die faszinierende genetische Vielfalt bei Zwergwidderkaninchen. Die verschiedenen Farbkombinationen ermöglichen es uns, eine Vielzahl von Schattierungen und Erscheinungsbildern zu bestaunen und weiter zu erforschen. Es eröffnet sich eine spannende Welt der Farbgenetik, die uns immer wieder neue Überraschungen und faszinierende Variationen präsentiert.

Loh oder Otter (go)

Es gibt Tiere mit einer sogenannten "umgedrehten Bratwurstfärbung". Bei diesen Tieren ist die Farbe, sei es Schwarz, Havanna, Blau oder Feh, auf dem Rücken zu sehen, während das hellbraune Fell immer auf der Körperunterseite und um die Augen präsent ist. Das Gen für diese Färbung

ist rezessiv im Vergleich zur Wildfärbung, aber dominant gegenüber der Vollfarbe.

Die entsprechenden Fellfarben werden Schwarz Loh, Blau Loh, Havanna Loh und Feh Loh genannt. Diese Bezeichnungen verdeutlichen die Kombination aus der Hauptfarbe und der Loh-Färbung, bei der das helle Braun um die Körperunterseite und um die Augen auftritt.

Durch die umgedrehte Bratwurstfärbung erhalten die Tiere eine einzigartige und markante Erscheinung. Es ist faszinierend zu beobachten, wie die verschiedenen Farben und Muster miteinander interagieren und zu einer individuellen Präsentation führen.

Die Schwarz Loh, Blau Loh, Havanna Loh und Feh Loh-Zwergwiddern sind ein weiteres Beispiel für die beeindruckende Vielfalt der Zwergwidder-Fellfarben. Ihre charakteristischen Merkmale machen sie zu begehrten und faszinierenden Haustieren und sorgen für ein spannendes Spektrum an Farbkombinationen in der Zucht.

Bei der Farbvariante Otter zeigt sich eine interessante Variation im Fellmuster. Im Gegensatz zu Lohkaninchen ist die Farbe des Bauchfells bei Otterkaninchen weiß. An der Grenze zwischen dem Lohteil und der Grundfarbe befindet sich ein lohfarbener Rand.

Die Abzeichen bei Otterkaninchen ähneln denen der Weißgrannen. Dies bedeutet, dass sie weiße oder lohfarbene Einfassungen um die Augen, einen Halsring und einen V-förmigen Keil im Nacken aufweisen.

Die Otter-Farbvariante ist faszinierend und verleiht den Zwergwidderkaninchen ein attraktives und markantes Aussehen. Das Spiel zwischen den unterschiedlichen Farben und Mustern macht sie zu

besonderen und begehrten Haustieren für Kaninchenliebhaber und Züchter.

Weißgranne

Die Kombination des Loh-/Otter-Gens mit dem Chinchilla-Gen führt dazu, dass die ursprünglich hellbraunen Haare der Zwergwiddder ihre Farbe verlieren und stattdessen eine weiße Färbung annehmen. Diese Umwandlung lässt die Tiere in einem blendenden weiß erstrahlen und verleiht ihnen ein bezauberndes und einzigartiges Aussehen.

Die Zeichnung, die entsteht, wenn das Loh-/Otter-Gen und das Chinchilla-Gen kombiniert werden, wird als "weißgrannenfarbig" bezeichnet. Bei dieser Zeichnung sind die Haare entlang der Körperlinien und des Augenbereichs immer noch weiß, während die Haare im restlichen Fell eine hellbraune Grundfarbe haben. Dies erzeugt einen reizvollen Kontrast zwischen dem weißen und dem hellbraunen Fell und verleiht den Zwergwidddern eine ganz besondere Ästhetik.

Siam (am)

Die verdünnte Grundfarbe, die durch das Siam-Gen entsteht, verleiht den Zwergwidddern eine elegante und sanfte Ausstrahlung. Das bezaubernde Beige und Hellgrau des Fells harmonisiert perfekt mit den dunklen Abzeichen, die dem Tier eine markante Zeichnung verleihen. Die schwarzen, blauen, havanna und feh Abzeichen befinden sich typischerweise an Schnauze, Ohren und Läufen und setzen einen einprägsamen Kontrast zur allgemeinen Farbgebung.

Das Siam-Gen wird aufgrund seiner rezessiven Vererbung eher selten bei Zwergwidddern gefunden. Diese Exklusivität trägt jedoch zu der

besonderen Attraktivität dieser Farbvariante bei und macht sie zu einem begehrten Schatz unter Züchtern und Liebhabern der Rasse. Zwergwiddder mit dem Siam-Gen fallen dank ihres unverwechselbaren Aussehens sofort ins Auge und hinterlassen einen bleibenden Eindruck.

Weiß

Bei Kaninchen handelt es sich bei Weiß nicht um eine genetische Farbe im traditionellen Sinne wie Schwarz, Blau, Havanna oder Feh. Vielmehr erscheint Weiß wie eine Schneedecke, die sich über die Körperfärbung der Kaninchen legt. Dies kann in Form einer Holländerzeichnung, Scheckung oder auch einer vollständigen Abdeckung geschehen. Bei einem weißen Kaninchen mit blauen Augen ist es daher schwierig, die tatsächliche Farbe zu bestimmen, die es genetisch vererbt.

Es ist wichtig zu beachten, dass weiße Kaninchen mit roten Augen als Albinos gelten und genetisch keine Gemeinsamkeiten mit den anderen weißen Kaninchen haben. Albinos haben eine vollständige Pigmentstörung, wodurch sie keine farbigen Felle oder Augen haben.

Bei der Zucht von Kaninchen mit weißem Fell ist es entscheidend, dass man die genetische Vererbung der Farben berücksichtigt und nicht nur das äußere Erscheinungsbild betrachtet. Da das Weiß über eventuelle Zeichnungen oder Basisfarben des Fells liegen kann, ist es erforderlich, das Kaninchen zu testverpaaren, um die genetische Farbvererbung zu bestimmen.

Quelle: Miniwidder in Leipzig im Neuseenland
https://www.miniwidder-im-neuseenland.de/genetik

Scheckungen

Die Scheckung beschreibt die weißen Flecken im Fell eines Kaninchens. Es gibt drei verschiedene Gene, die für die verschiedenen Arten der Scheckung verantwortlich sind.

Englische Schecke (auch als Punktscheckung oder Broken bezeichnet) - Dieses Gen wird mit K abgekürzt. Die Scheckung verhält sich dominant, das bedeutet, dass ein Kaninchen mit einem Scheckungsgen K (K/k) eine Scheckung zeigt, während ein Kaninchen ohne dieses Gen (k/k) keine weiße Scheckung hat. Es wird jedoch empfohlen, zwei gescheckte Tiere nicht miteinander zu verpaaren, da dies zu Jungtieren, den sogenannten Weißlingen, führen kann, die oft eine geringere Lebenserwartung haben. Die Verpaarung von zwei gescheckten Kaninchen wird daher als Qualzucht angesehen. Die Mantelschecke trägt ebenfalls die Genvariante Kk. Wie der Name schon sagt, bedeckt die Zeichnungsfarbe den Körper wie einen Mantel, wobei nur Brust, Schulterflecken und ein kleiner Fleck auf der Stirn weiß sein sollten. Dreifarbige Tupfenschecken benötigen zusätzlich zum K-Gen den Mosaikfaktor bj, um die gelbe und dunkle Farbe voneinander zu trennen. Die Genformel für Dreifarbenschecken lautet also: AbjCDgKk.

Es ist wichtig zu beachten, dass die Zucht von Schecken mit Vorsicht erfolgen sollte, um sowohl die genetische Gesundheit als auch das Wohlergehen der Kaninchen zu gewährleisten.

Abbildung 1: Chinchilla Mantelschecke

Quelle: Bayerwald Fellnasen
https://www.instagram.com/bayerwald_fellnasen/

Abbildung 2: Japaner Mantelschecke

Quelle: Dölnitztaler Minilops
https://www.instagram.com/doellnitztaler_minilops/

Abbildung 3: Blau Kuhschecke

Quelle: Dölnitztaler Minilops
https://www.instagram.com/doellnitztaler_minilops/

Abbildung 4: Dreipunktschecke/Königsmantelschecke

Quelle: Janis Widder
https://www.instagram.com/janis_widder/

Die Holländerscheckung (Holli genannt), auch bekannt als Plattenscheckung oder im englischen Sprachraum als Dutch oder Vienna bezeichnet, ist eine Zeichnungsvariante bei Kaninchen, bei der der Kopf und Vorderkörper mehr oder weniger große weiße Farbflächen aufweisen. Es gibt unterschiedliche Ansätze zur Erklärung dieser Scheckung, abhängig von der Region.

Abbildung 5: Farbe Havanna Otter Holli

Quelle: knowa_rabbit
https://www.instagram.com/knowa_rabbit/

In Deutschland wird angenommen, dass die Holländerscheckung durch ein Gen mit der Bezeichnung S (nicht gescheckt) bzw. s1, s2, s3 (verschiedene Grade der Scheckung) verursacht wird. Dieses Gen kontrolliert die Ausprägung der Scheckung und führt zu unterschiedlichen Ausmaßen an Weißanteilen im Fell.

In England hingegen gibt es eine andere Theorie zur Holländerscheckung. Hier wird zwischen einer echten Holländerscheckung, wie sie bei der Rasse des Holländerkaninchens zu sehen ist, und Tieren, die durch das Gen verursacht werden, das für den Weißen Wiener verantwortlich ist, unterschieden. Obwohl beide Arten der Scheckung ähnlich aussehen können, vererben sie sich nach englischer Züchterpraxis grundlegend unterschiedlich.

Es ist wichtig zu beachten, dass es unterschiedliche Sichtweisen auf die genetischen Hintergründe der Holländerscheckung gibt. Die Genetik und Vererbung von Scheckungen bei Kaninchen sind ein komplexes Thema und können je nach Land oder Rasse unterschiedlich interpretiert werden.

Die klassische Holländerzeichnung bei Kaninchen wird in England mit einem Gen namens Dutch (Du abgekürzt) in Verbindung gebracht. Diese besondere Scheckung ist rezessiv gegenüber der Vollfarbe, was bedeutet, dass ein Tier zwei rezessive Allele des Dutch-Gens tragen muss (du/du), um die Holländerzeichnung zu zeigen.

Die Vererbung der Holländerzeichnung folgt bestimmten Regeln: Wenn zwei Tiere mit rezessivem Dutch-Allel (du/du) miteinander verpaart werden, besteht die Wahrscheinlichkeit, dass ihre Nachkommen die Holländerzeichnung zeigen. Diese Nachkommen tragen dann mindestens ein rezessives Allel für das Dutch-Gen (Du/du) und können die Scheckung vererben.

Es ist wichtig zu beachten, dass bei der Verpaarung von Tieren mit Holländerzeichnung nie weiße Tiere mit blauen Augen (BEW, Blue Eyed White) hervorgehen. Dies liegt daran, dass die Gene, die für die Holländerzeichnung verantwortlich sind, nicht die gleichen Gene sind, die für die Ausprägung der blauen Augen verantwortlich sind. Das BEW-Merkmal wird durch andere Gene kontrolliert und tritt unabhängig von der Holländerzeichnung auf.

Das Gen, das für die weiße Färbung beim Weißen Wiener Kaninchen verantwortlich ist, wird als V-Gen oder Vienna Gen bezeichnet. Es verhält sich anders als das rezessiv vererbte du-Holländergen. Das V-Gen kann sowohl eine Weißscheckung ähnlich der Holländerscheckung als auch nur weiße Abzeichen und blaue Augen hervorrufen. Während diese Wienerscheckung in Rassekaninchenzuchten außerhalb der Weißen Wiener Zucht oft unerwünscht ist, erfreut sie sich in der Liebhabertierzucht großer Beliebtheit aufgrund ihrer einzigartigen weißen Flecken und der Faszination der blauen Augen.

Ein Tier mit zwei V/V Allelen zeigt keine Scheckung und vererbt diese auch nicht weiter. Ein mischerbiges Tier mit einem V/v Allel zeigt eine variable Weißscheckung, die mit blauen Augen einhergehen kann oder auch gar keine Scheckung zeigt. Die Vererbung dieser Scheckung ist dabei über mehrere Generationen möglich und wiederum zufällig. Wenn ein Tier jedoch zwei kleine v/v Allele hat, wird es automatisch komplett weiß mit wunderschönen blauen Augen (Blue Eyed White). Wenn das weiße Tier genetisch Havanna- oder Feh-basiert ist, können die blauen Augen etwas schwächer sein.

Ein Kaninchen mit Holländer-Scheckung aus der Liebhaberzucht wird sehr wahrscheinlich das V/v-Gen tragen und bei der Paarung Überraschungsscheckungen und Augenfarben hervorbringen,

einschließlich komplett weißer Tiere mit blauen Augen. Wenn zwei solche gescheckten Tiere miteinander verpaart werden, werden mit Sicherheit auch weiße Tiere mit blauen Augen geboren.

Quelle: Miniwidder in Leipzig im Neuseenland
https://www.miniwidder-im-neuseenland.de/genetik

WO – Weißohr

Der WO (Weißohr) Zwergwidder ist eine einzigartige Variante der Zwergwidderkaninchen, die durch ihre charakteristischen Merkmale beeindruckt. Bei diesem Zwergwidder sind die Ohren in auffälligem Weiß gehalten, was zu seinem Namen "Weißohr" geführt hat.

Die WO-Mutation ist eine dominante Vererbungsform, die das rezessive Holländergen betrifft. Ähnlich wie bei den Holländerkaninchen weist der WO Zwergwidder weiße Flecken oder Markierungen auf dem Körper auf. Der Hauptunterschied zwischen beiden besteht jedoch darin, dass beim WO Zwergwidder der Fokus auf den weißen Ohren liegt, die aber durchaus meist auch mit Farbflecken versehen sind.

Die weißen Ohren des WO Zwergwidders verleihen ihm einen markanten und ansprechenden Look. Diese auffällige Merkmalsvariation hat dazu geführt, dass WO Zwergwidder bei Kaninchenliebhabern sehr beliebt sind. Das weiße Ohr hebt sich deutlich vom Rest des Fells ab und verleiht dem Kaninchen einen einzigartigen Charme.

Es ist wichtig zu beachten, dass die WO-Mutation nur auf das Aussehen der Ohren beschränkt ist und keinen Einfluss auf das übrige Erscheinungsbild des Zwergwidders hat. Der WO Zwergwidder kann verschiedene Fellfarben und Muster aufweisen, wobei die weißen Ohren jedoch ein unverkennbares Merkmal bleiben.

WO Zwergwidder sind nicht nur faszinierend anzusehen, sondern auch liebevolle und freundliche Begleiter. Ihr sanfter Charakter und ihr verspieltes Wesen machen sie zu beliebten Haustieren für Kaninchenliebhaber.

Mit ihren weißen Ohren sind WO Zwergwidder ein wahrer Hingucker und bringen eine zusätzliche Dimension der Schönheit in die Welt der Zwergkaninchen.

Abbildung 6: Blau WO

Quelle: Majestic Diamonds Mini Lops & Miniwidder
https://www.instagram.com/majestic_diamonds_miniwidder

Die Nestsilberung

Die Nestsilberung ist ein interessantes genetisches Merkmal bei Zwergkaninchen, das ihnen ein einzigartiges und atemberaubendes Aussehen verleiht. Bei dieser Variante verändert sich das Fell der Kaninchen im Laufe der Zeit.

Junge Zwergkaninchen werden normalerweise mit einem dunklen, gleichmäßigen Fell geboren. Im Alter von etwa 3-4 Wochen beginnt sich das Fell zu verändern. Bei der Nestsilberung werden die Haarspitzen der Tiere heller, während die Haarwurzeln dunkel bleiben. Dies verleiht dem Fell ein charmantes, silbernes oder frostiges Aussehen.

Im Laufe der Zeit entwickelt sich die Nestsilberung weiter, und das Fell kann heller und auffälliger werden. Die silbernen Spitzen der Haare sorgen für einen faszinierenden Kontrast zum Rest des Fells und verleihen den Zwergkaninchen eine ausgeprägte Attraktivität und Eleganz.

Die Nestsilberung ist eine begehrte genetische Variation bei Zwergkaninchen und wird von vielen Züchtern gezielt gezüchtet. Es ist ein Merkmal, das Kaninchenliebhaber und Experten gleichermaßen fasziniert und bewundert.

Es ist wichtig zu beachten, dass die Nestsilberung bei Zwergkaninchen ein genetisches Merkmal ist und nicht bei allen Tieren derselben Rasse auftreten kann. Die Vererbung der Nestsilberung folgt bestimmten genetischen Regeln und erfordert spezifisches Zucht-Know-how.

Die Nestsilberung ist eine wunderbare Besonderheit, die das Fell der Zwergkaninchen auf einzigartige Weise verschönert. Sie verleiht ihnen einen Hauch von Magie und macht sie zu begehrten und wunderschönen Haustieren für Kaninchenliebhaber auf der ganzen Welt.

Abbildung 7: Wild WO mit Nestsilberung

Quelle: Majestic Diamonds Mini Lops & Miniwidder, https://www.instagram.com/majestic_diamonds_miniwidder

Abgesehen von den zuvor erwähnten Farben und Zeichnungen gibt es weitere Varianten, die hier nicht aufgeführt wurden und im Hobbyzuchtbereich selten anzutreffen sind. Dazu gehören Farben wie eisengrau, marderfarben, russenfarbig oder hotot. Ich möchte mich zudem aufrichtig entschuldigen, falls nicht zu jeder Farbe ein Bild abgedruckt ist. Bei der Entstehung dieses Buches wurden viel Zeit, Arbeit und vor allem Liebe investiert. Es war jedoch nicht immer möglich, ein passendes Bild für jede Farbe zu finden.

Bilder und weitere Infos zu den einzelnen Farben & Zeichnungen

Willkommen zum aufregenden Teil des Buches, in dem wir uns die Bilder und weitere Informationen zu den einzelnen Farben und Zeichnungen der Zwergwidder ansehen werden. In diesem Abschnitt werden wir die faszinierende Vielfalt der Zwergwidderfarben erkunden und mehr über ihre einzigartigen Merkmale erfahren.

Auf den folgenden Seiten werden wir eine bunte Auswahl an Bildern präsentieren, um Ihnen einen visuellen Eindruck von den unterschiedlichen Farben und Zeichnungen der Zwergwidder zu vermitteln. Egal, ob Sie bereits stolzer Besitzer eines Zwergwidders sind oder sich für diese bezaubernde Kaninchenrasse interessieren, Sie werden die Möglichkeit haben, die Schönheit und den Charme der verschiedenen Farbvariationen zu genießen.

Jede Farbe und Zeichnung hat ihre eigene Geschichte und Besonderheit, und wir werden auch Zusatzinformationen bereitstellen, um Ihr Wissen über die Zwergwidderfarben zu erweitern. Erfahren Sie mehr über die charakteristischen Merkmale jeder Farbvarietät und weiter hinten im Buch auch mehr über die genetischen Grundlagen und die Vererbungsmuster.

Der Blick auf diese zauberhaften Bilder und die Hintergrundinformationen wird Ihnen helfen, ein besseres Verständnis für die Vielfalt und Schönheit der Zwergwidder zu entwickeln. Ob Sie einen Zwergwidder besitzen, züchten oder einfach nur Freude an diesen wundervollen Tieren haben - lassen Sie sich von den Bildern und Infos inspirieren und entdecken Sie die faszinierende Welt der Zwergwidderfarben und -zeichnungen.

Schwarz

A B C D g

Abbildung 8: Farbe Schwarz

Quelle: Odenwälder Zwergwidder
https://www.instagram.com/odenwaelder.zwergwidder

Die Farbe Schwarz bei Zwergwiddern ist eine der klassischsten und zeitlosen Farbvarianten. Schwarze Zwergwiddern zeichnen sich durch ihr tiefes, sattes und einheitliches schwarzes Fell aus.

Das schwarze Fell der Zwergwiddern kann eine glänzende und seidige Textur haben, die dem Tier ein elegantes und ansprechendes Aussehen verleiht. Es gibt verschiedene Nuancen von Schwarz, von einem tiefen und

intensiven Schwarz bis hin zu einem etwas matten oder Schiefer-Schwarz. Jede Variation hat ihren eigenen Reiz und verleiht dem Zwergwidder eine individuelle Präsenz.

Das schwarze Farbmuster der Zwergwiddern kann entweder einheitlich sein oder zusätzliche Merkmale wie ein weißes Abzeichen oder partielle Aufhellungen aufweisen. Dies kann dem schwarzen Fell eine besondere Akzentuierung verleihen und es herausstechen lassen.

Die Schwarze Farbvariante ist eine der am weitesten verbreiteten und beliebtesten Farben bei Zwergwiddern. Ihre zeitlose Eleganz und die Vielfalt der Schwarztöne machen sie zu einem begehrten Tier sowohl für Züchter als auch für Menschen, die ein wunderschönes und liebevolles Haustier suchen.

Mit ihrem beeindruckenden schwarzen Fell sind Zwergwiddern in dieser Farbvariante echte Schönheiten und können jeden Raum mit ihrem Charme und ihrer Anmut bereichern.

Blau

A B C d g

Abbildung 9: Farbe Blau

Quelle: Majestic Diamonds Mini Lops & Miniwidder, https://www.instagram.com/majestic_diamonds_miniwidder

Die Farbe Blau bei Zwergkaninchen ist eine faszinierende und einzigartige Erscheinung. Sie ist eigentlich verdünntes Schwarz, welches bläulich bis blaugrau wirkt und verleiht diesen kleinen Fellknäueln eine anmutige und

zugleich mysteriöse Aura. Die Blaufärbung entsteht durch spezifische Genvarianten, die das Fell in einem sanften und zarten Blauton schimmern lassen.

Die blauen Zwergkaninchen sind bekannt für ihr elegantes Erscheinungsbild. Ihr Fell ist von einer gleichmäßigen und brillanten blauen Farbe, die an den Himmel an einem klaren Frühlingstag erinnert. Es ist ein subtiler und sanfter Farbton, der eine beruhigende Wirkung auf den Betrachter hat.

Die Besonderheit der Farbe Blau bei Zwergkaninchen liegt nicht nur in ihrer ästhetischen Anziehungskraft, sondern auch in ihrer Seltenheit. Blaue Zwergkaninchen sind weniger verbreitet als andere Farbvarianten und werden oft als etwas Besonderes angesehen. Ihre seltenen und auffälligen Merkmale machen sie zu begehrten Tieren unter Kaninchenliebhabern.

Havanna

A B c D g

Abbildung 10: Farbe Havanna

Quelle: Heuhoppler vom Kanal
https://www.instagram.com/heuhoppler_vom_kanal/

Die Farbe Havanna, auch bekannt als Schokobraun, ist eine bezaubernde und warme Farbvariante bei Zwergwiddern. Havanna-Zwergwiddern zeichnen sich durch ihr tiefes, sattes und schokoladenbraunes Fell aus.

Das Havanna-Fell der Zwergwiddern ist von Natur aus reich und warm und erinnert an die Farbe von leckerer Schokolade. Es hat eine glänzende und seidige Textur, die dem Tier eine elegante Ausstrahlung verleiht.

Die Havanna-Farbe ist eine beliebte und attraktive Farbvariante bei Zwergwiddern. Ihr warmes, schokoladenbraunes Fell verleiht ihnen eine zeitlose Eleganz und eine besondere Präsenz. Havanna-Zwergwiddern sind

wahre Schönheiten und bringen eine warme und gemütliche Atmosphäre in jedes Zuhause.

Feh

A B c d g

Abbildung 11: Farbe Feh

Quelle: Heuhoppler vom Kanal
https://www.instagram.com/heuhoppler_vom_kanal/

Die Farbe "Feh" ist eine wunderschöne und elegante Variante bei Zwergwiddern. Feh-Zwergwiddern zeichnen sich durch ihr zartes und sanftes Fell in einem blassen fliederfarbenen oder helleren grau-blauen Ton aus.

Das Feh-Fell der Zwergwiddern ist von Natur aus weich und fein. Es kann eine subtile Farbgebung aufweisen, die je nach individuellem Tier leicht variieren kann.

Die Feh-Farbe kann sowohl einheitlich als auch mit zusätzlichen Merkmalen wie weißen Abzeichen oder partiellen Aufhellungen auftreten,

die dem Fell eine besondere Tiefe und Kontrast verleihen. Diese Variationen machen jeden Feh-Zwergwidder zu einem einzigartigen und charmanten Individuum.

Schwarz Otter

A B C D go

Abbildung 12: Farbe Schwarz Otter

Quelle: Odenwälder Zwergwidder
https://www.instagram.com/odenwaelder.zwergwidder

Die Farbe Schwarz Otter ist eine faszinierende Variante bei Zwergwidderkaninchen und zeichnet sich durch ihr einzigartiges Fellmuster aus. Bei Schwarz Otter Zwergwiddern zeigt sich eine Kombination aus Schwarz und lohfarbenen Akzenten.

Das Hauptmerkmal der Schwarz Otter-Färbung ist das tiefe, satt-schwarze Fell, das den Körper des Kaninchens bedeckt. An den markanten Stellen, wie an den Ohren, um die Augen, an den Pfoten und am Bauch, erscheinen

helle lohfarbene Akzente. Diese geben dem Schwarz Otter Zwergwidder einen besonderen und ansprechenden Look.

Die lohfarbenen Abzeichen des Schwarz Otter Zwergwidders können verschiedene Nuancen von Rot oder Braun aufweisen, die von einem zarten bis hin zu einem intensiveren Farbton reichen können. Diese lohfarbenen Akzente am schwarzen Fell schaffen einen interessanten Kontrast und verleihen dem Kaninchen eine auffällige Erscheinung.

Schwarz Otter Zwergwiddern verbinden die Eleganz und Ausdruckskraft des schwarzen Fells mit den charakteristischen lohfarbenen Abzeichen. Dieses einzigartige Farbmuster macht sie zu begehrten Haustieren und begeistert Züchter und Kaninchenliebhaber auf der ganzen Welt.

Die Schwarz Otter-Farbe ist eine wunderbare Variation innerhalb der Zwergwidder-Farbpalette und zeigt die Vielfalt und Schönheit dieser einzigartigen Kaninchenrasse. Der Schwarz Otter Zwergwidder ist ein wahrer Blickfang und bereichert jedes Zuhause mit seinem atemberaubenden Aussehen.

Blau Otter

A B C d go

Abbildung 13: Farbe Blau Otter

Quelle: Heuhoppler vom Kanal
https://www.instagram.com/heuhoppler_vom_kanal/

Blau Otter Zwergwiddern verbinden die elegante Farbe Blau mit den charakteristischen lohfarbenen Akzenten, was ihnen eine außergewöhnliche und atemberaubende Erscheinung verleiht. Ihr zartes und doch faszinierendes Muster macht sie zu begehrten und bezaubernden Haustieren.

Die Blau Otter-Farbe bereichert die Palette der Zwergwidder-Farben und zeigt die Vielfalt und Schönheit dieser außergewöhnlichen Kaninchenrasse. Blau Otter Zwergwiddern ziehen die Aufmerksamkeit auf sich und strahlen eine besondere Anmut aus, die sowohl Züchter als auch Liebhaber dieser faszinierenden Tiere begeistert.

Obwohl jede Zwergwidderfarbe ihre eigene Schönheit enthält, bringt die Blau Otter-Farbe eine zusätzliche Dimension der Eleganz und Ästhetik in die Welt der Zwergwidder. Die Mischung aus Blau und lohfarbenen Abzeichen macht die Blau Otter Zwergwiddern zu wahren Juwelen und verleiht ihnen einen besonderen Platz in den Herzen der Kaninchenliebhaber.

Havanna Otter

A B c D go

Abbildung 14: Farbe Havanna Otter

Quelle: Knuellwald Minilops
https://www.instagram.com/knuellwald_minilops/

Die Farbe Havanna Otter ist eine wunderschöne und faszinierende Variation bei Zwergwidderkaninchen. Bei Havanna Otter Zwergwiddern

vereinen sich die warmen Farbtöne von Havanna mit den charakteristischen lohfarbenen Akzenten des Otter-Musters. Diese Kombination schafft einen faszinierenden und ästhetisch ansprechenden Look, der Bewunderung hervorruft.

Das Hauptmerkmal der Havanna Otter-Färbung ist das reichhaltige und tiefbraune Havanna-Fell, das den Körper des Zwergwidders bedeckt. An den markanten Stellen wie Ohren, Augen, Pfoten und Bauch erscheinen lohfarbene Abzeichen. Diese lohfarbenen Akzente können eine breite Palette von Rottönen oder Braunnuancen aufweisen und schaffen einen wunderschönen Kontrast zum havannafarbenen Fell.

Die Havanna Otter-Farbe bereichert die Vielfalt der Zwergwidder-Farben und besticht durch ihre außergewöhnliche Schönheit. Zwergwiddern in der Havanna Otter-Variante sind begehrte und geliebte Haustiere, die mit ihrer eleganten Erscheinung und ihrem freundlichen Wesen begeistern.

Mit ihrer warmen und ansprechenden Farbkombination sind Havanna Otter Zwergwiddern wahrhaftige Schönheiten und bringen eine warme und einladende Atmosphäre in jedes Zuhause. Ihre reizvolle Färbung und charmanten Muster machen sie zu einer unverwechselbaren Wahl für Kaninchenliebhaber und Züchter.

Feh Otter

A B c d go

Abbildung 15: Farbe Feh Otter

Quelle: Saalewindzwerge
https://www.instagram.com/saalewindzwerge/

Die Feh Otter-Zwergwiddder zeichnen sich durch ihr scheinbar schimmerndes Fell aus, das von einem matten Grau bis zu einem zarten Blau reicht. Diese subtile, aber auffällige Kombination verleiht den Tieren einen atemberaubenden und einzigartigen Look. Das sanfte, dennoch

lebendige Aussehen der Feh Otter-Färbung verzaubert Betrachter und erweckt das Interesse von Zwergwidder-Enthusiasten weltweit.

Die Feh Otter-Farbe ist bekannt dafür, dass sie die elegante Pracht der Zwergwidder perfekt widerspiegelt. Die Farbe verleiht den Zwergwidddern eine gewisse Eleganz und verzaubert mit ihrer mysteriösen Ausstrahlung.

Wild

A B C D G

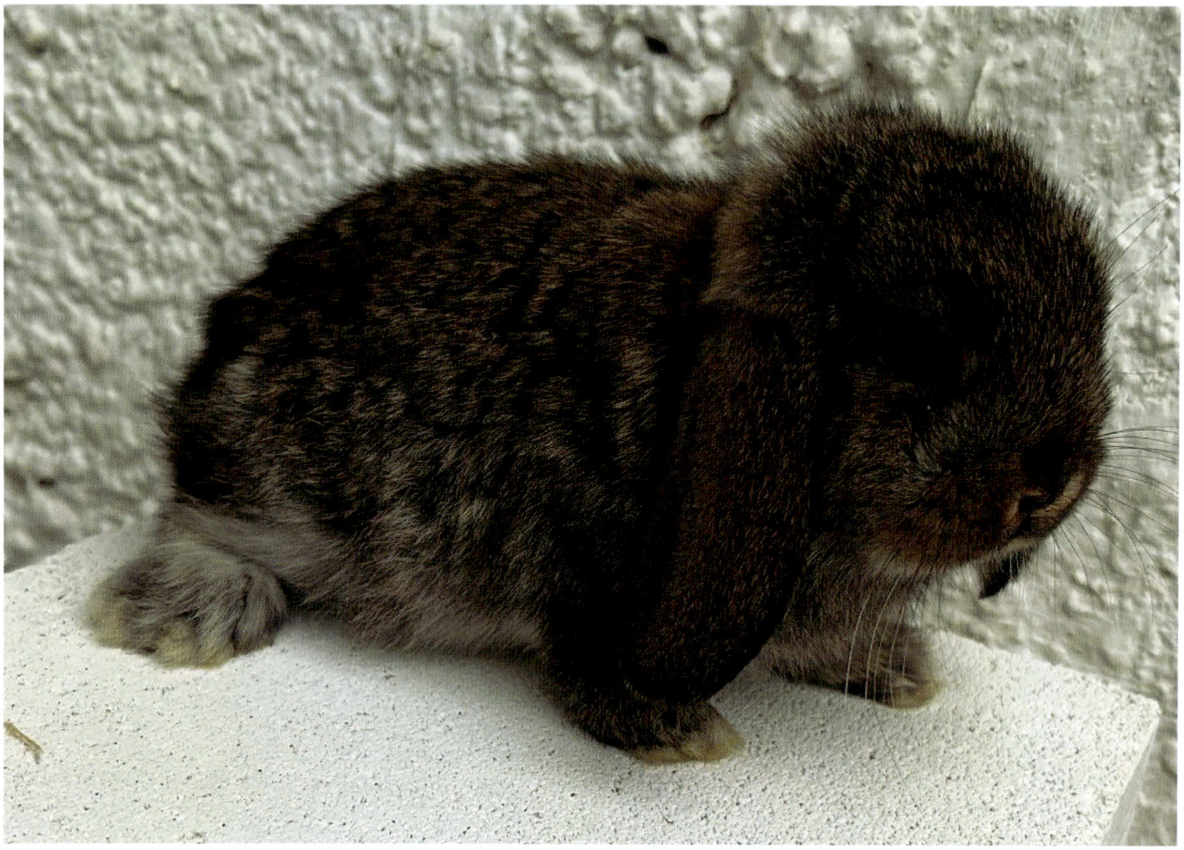

Abbildung 16: Farbe Wild

Quelle: Zwergwidder_love
https://www.instagram.com/zwergwidder_love/

Die Wildfarbe bei Zwergwidddern, auch bekannt als hasenfarbig, ist eine der ursprünglichsten und natürlichen Fellfarben dieser Kaninchenrasse. Diese Farbvariante verleiht den Zwergwidddern ein charmantes und klassisches Aussehen, das an wilde Hasen erinnert.

Die Wildfarbe der Zwergwiddder ist geprägt von einer zurückhaltenden, aber dennoch attraktiven Kombination aus Grau, Beige und Braun. Das Fell ist meist in Schattierungen von Hellbraun und Grau gehalten, wobei die Bauchseite etwas heller ist. Der Rücken und die Flanken weisen oft eine dunklere Färbung auf, die dem Tier einen markanten Kontrast verleiht.

Die Wildfarbe verkörpert die Schönheit und Anmut der freilebenden Hasen und vermittelt einen Hauch von Natur und Wildnis. Das sanfte, erdige Farbschema strahlt eine gewisse Ruhe und Gelassenheit aus und unterstreicht die natürliche Ausstrahlung der Zwergwiddder.

Perlfeh/Opal (Blau Wild)

A B C d G

Abbildung 17: Farbe Perlfeh

Quelle: Janis Widder
https://www.instagram.com/janis_widder/

Die Farbe Perlfeh oder auch Opal, auch als Blau Wild bezeichnet, ist eine faszinierende Farbvariante bei Zwergwiddern. Bei Perlfeh-Kaninchen handelt es sich um eine Mischung aus blaugrauer und weißer Färbung, die ein einzigartiges Aussehen hervorbringt.

Das Haarkleid der Perlfeh-Zwergwiddern ist in der Basisfarbe blaugrau. Diese Farbe kann von einem kräftigen Blau bis zu einem sanften Grau variieren. Über dem blaugrauen Haar entsteht ein auffälliges Perlmuttmuster. Dabei bilden sich helle oder weiße Flecken auf dem Fell, besonders an Kinn, Brust, Bauch und Bänderungen, die das Kaninchen

besonders interessant aussehen lassen. Dieses Perlmuttmuster ist charakteristisch für die Perlfeh-Farbe und verleiht den Tieren einen ganz besonderen Charme.

Die Augen der Perlfeh-Zwergwiddern sind dunkel und harmonieren gut mit der blaugrauen Grundfarbe des Fells. Dieser Farbkontrast verleiht den Kaninchen ein waches und aufmerksames Aussehen.

Perlfeh-Zwergwiddern sind bei Kaninchenliebhabern sehr beliebt, da sie durch ihr einzigartiges Aussehen und ihre charmante Erscheinung faszinieren. Die Kombination aus blaugrauer Basisfarbe und dem Perlmuttmuster macht sie zu wahren Blickfängen in jedem Kaninchenstall.

Havanna Wild

A B c D G

Abbildung 18: Farbe Havanna Wild

Quelle: Janis Widder
https://www.instagram.com/janis_widder/

Die Farbe Havanna Wild ist eine faszinierende und natürliche Nuance, die bei Zwergwiddern äußerst beliebt ist. Ihre warmen Schokoladentöne verleihen den Kaninchen einen eleganten und charmanten Look.

Die Havanna Wild-Zwergwiddern zeichnen sich durch ihr dichtes, mittellanges Fell aus, das in verschiedenen Schattierungen von Braun erscheint. Von einem tiefen Mokka bis zu einem sanften Karamell, diese Farbpalette lässt die Tiere besonders edel wirken.

Im Englischen wird die Farbe Havanna Wild auch „cinnamon“ genannt, denn, so muss man zugeben, sie sieht schon ein wenig aus wie die deutsche Übersetzung Zimt.

Lux (Feh Wild)

A B c d G

Abbildung 19: Farbe Lux

Quelle: Heuhoppler vom Kanal
https://www.instagram.com/heuhoppler_vom_kanal/

Die lux (feh wild) Farbe bei Zwergwiddern ist ein wahrhaft atemberaubender Anblick. Mit ihrer blausilberfarbenen Deckfarbe und einem subtilen braunroten Anflug auf der Körperoberseite, strahlen diese Kaninchen eine unwiderstehliche Eleganz aus.

Die lux (feh wild)-Zwergwiddern haben ein dichtes und seidiges Fell, das in verschiedenen Nuancen von Blau schimmert. Die silberfarbene Textur verleiht ihnen ein faszinierendes Aussehen, während der braunrote Hauch dem Ganzen eine gewisse Wärme und Tiefe verleiht.

Was diese Kaninchen wirklich einzigartig macht, ist ihre beeindruckende weiße Unterfarbe, die keine Bänderungen aufweist. Dieser Kontrast

zwischen dem blausilbernen Deckfell und der reinen, weißen Unterseite verleiht ihnen eine unverwechselbare Schönheit.

Wenn man einen Zwergwidder mit der lux (feh wild) Farbe betrachtet, fällt einem sofort der helle Bauch und die Innenseite der Läufe auf. Diese hellen Bereiche setzen einen wunderbaren Kontrast zum Rest des Fells und verleihen den Kaninchen ein frisches und lebendiges Aussehen.

Schwarz Japaner

A bj C D g

Abbildung 20: Farbe Schwarz Japaner

Quelle: Janis Widder
https://www.instagram.com/janis_widder/

Das Fell der Schwarz Japaner-Zwergwiddern zeigt eine interessante Abwechslung zwischen schwarzen und cremefarbenen Braun-Tönen. Die schwarzen Haare stehen in kontrastreichem Zusammenspiel mit den braunen Haaren, wodurch ein auffälliges und doch harmonisches Muster entsteht.

Die gezielte Verteilung von Schwarz und cremefarbenem Braun im Fell der Schwarz Japaner-Zwergwiddern verleiht ihnen eine einzigartige Struktur und Tiefe. Das cremefarbene Braun kann in verschiedenen Schattierungen auftreten, von einem sanften Beigeton bis zu einem wärmeren Karamell.

Die Farbe Schwarz Japaner ist eine echte Augenweide, die die Aufmerksamkeit auf sich zieht. Die Kontraste zwischen Schwarz und cremefarbenem Braun verleihen den Kaninchen eine außergewöhnliche Schönheit und eine interessante Textur.

Blau Japaner

A bj C d g

Abbildung 21: Farbe Blau Japaner

Quelle: Miniwidder vom Schaalsee
https://www.instagram.com/miniwidder_vom_schaalsee/

Das Fell der Blau Japaner-Zwergwiddern zeigt eine auffällige Abwechslung zwischen blauen und cremefarbenen Bereichen. Das blau-graue Fell erzeugt einen eleganten und edlen Eindruck, während das cremefarbene Weiß eine helle und warme Komponente hinzufügt.

Die Musterung der Blau Japaner-Zwergwiddern ist harmonisch und ausgewogen. Das blau-graue und cremefarbene Haar wechseln sich gleichmäßig ab, wodurch ein attraktives und ansprechendes Muster entsteht. Diese Kombination von unterschiedlichen Farben verleiht den Kaninchen eine außergewöhnliche Schönheit.

Havanna Japaner (hier mit Holli)

A bj c D g

Abbildung 22: Farbe Havanna Japaner

Quelle: Knuellwald Minilops
https://www.instagram.com/knuellwald_minilops/

Die Kombination aus Schokoladenfarbe und Hellbraun schafft beim Havanna Japaner Kaninchen ein faszinierendes Erscheinungsbild. Das Fell ist reich an Tiefe und Dimension, wodurch das Kaninchen seine

Ausstrahlung und Schönheit betont. Die Wechselwirkung zwischen den beiden Farbtönen verleiht ihm eine einzigartige und interessante Ästhetik.

Das Schokoladenbraun bildet die dominanteste Farbe im Fell des Havanna Japaner Kaninchens und wird von hellbraunen Abschnitten durchzogen. Das Ergebnis ist eine nussbraune oder schokoladenbraune Grundfarbe, auf der sich helle Highlights abzeichnen. Diese abwechselnden Farbstreifen erzeugen ein ausdrucksstarkes und unverwechselbares Aussehen, das die Aufmerksamkeit auf sich zieht.

Feh Japaner

A bj c d g

Abbildung 23: Farbe Feh Japaner

Quelle: Saalewindzwerge
https://www.instagram.com/saalewindzwerge/

Die Farbe Feh Japaner bei Zwergwiddern ist eine faszinierende und unverwechselbare Farbvariation. Das Fell dieser Kaninchen wechselt zwischen schokobraunen und fehfarbenen Bereichen und schafft so ein einzigartiges und ansprechendes Muster.

Das Feh Japaner Muster besteht aus abwechselnden schokobraunen und fehfarbenen Streifen im Fell. Die dunklen schokobraunen Bereiche geben

dem Kaninchen eine warme und erdige Ausstrahlung, während die fehfarbenen, auch als grau-blau bezeichneten, Bereiche dem Fell eine gewisse Raffinesse und Eleganz verleihen. Diese Kombination schafft ein harmonisches und interessantes Farbmuster, das die Schönheit des Kaninchens betont.

Rot

A b C D G

Abbildung 24: Farbe Rot

Quelle: Saalewindzwerge
https://www.instagram.com/saalewindzwerge/

Die Farbe Rot bei Zwergwiddern, die einem rötlichen Braun ähnelt, ist eine interessante und unverwechselbare Farbvariante, die den Kaninchen eine warme und auffällige Ausstrahlung verleiht. Das rötlich-braune Fell dieser

Zwergwidder-Kaninchen schafft eine einzigartige Ästhetik, die sie von anderen Farbvariationen unterscheidet.

Die Rottöne bei Zwergwiddern variieren von einem sanften, erdigen Braunrot bis hin zu einem intensiveren Kastanienrot. Dieses Farbbild erinnert oft an die Schönheit von herbstlichem Laub und verleiht den Kaninchen einen natürlichen und erdigen Charme.

Thüringer

A b C D g

Abbildung 25: Farbe Thüringer

Quelle: Saalewindzwerge
https://www.instagram.com/saalewindzwerge/

Die Zwergwidder Farbe Thüringer ist eine faszinierende Variante der Zwergwidderrassen. Ihr charakteristisches Merkmal ist ihre wunderschöne Fellfarbe, die von rot-braun bis rot-braun-schwarz variiert. Diese einzigartige Farbmischung verleiht den Thüringer Zwergwiddern eine elegante und ansprechende Erscheinung.

Die Grundfarbe des Thüringer Zwergwidders ist ein leuchtendes Rot, das in verschiedenen Nuancen von hell bis dunkel reicht. Das rote Haar ist gleichmäßig über den gesamten Körper verteilt und verleiht dem Kaninchen eine warme und charmante Ausstrahlung. Das Rückenfell kann eine intensivere Färbung aufweisen als das Bauchfell, was zu einem interessanten Farbkontrast führt.

Die Zeichnungen bei Thüringer Zwergwiddern sind dunkler und können von braun bis hin zu schwarz variieren. Diese Zeichnungen erstrecken sich über den Kopf, den Rücken und das Schwanzende. Die Kombination aus der rötlichen Grundfarbe und den dunklen Zeichnungen verleiht den Thüringer Zwergwiddern ein markantes und kontrastreiches Erscheinungsbild.

Die prächtige Färbung des Thüringer Zwergwidders zeugt von einer langen Zuchterfahrung und sorgfältiger Selektion. Diese Rasse erfreut sich aufgrund ihrer attraktiven Erscheinung und des freundlichen Wesens großer Beliebtheit bei Kaninchenliebhabern weltweit.

Blau Thüringer (Isabell)

A b C d g

Abbildung 26: Farbe Isabell

Quelle: Minilops vom Hirschbach
https://www.minilopsvomhirschbach.de/

Der Zwergwidder in der Farbe Blau Thüringer, auch als Isabell bekannt, ist eine faszinierende Variation innerhalb der Zwergwidder-Rassen. Diese Rasse zeichnet sich durch ihr besonderes Farbmuster aus, das eine

reizvolle Kombination aus Orange- und Hellbrauntönen mit einem leichten blauen Anflug aufweist.

Die Farbverteilung des Blau Thüringer Zwergwidders ist harmonisch und ausgewogen. Der orangefarbene Grundton dominiert den größten Teil des Körpers, während das hellbraune und blaue Haar entlang des Rückens, des Kopfes und der Ohren zu finden ist. Diese gelungene Kombination schafft einen bezaubernden Farbkontrast, der die Schönheit und Eleganz dieser Rasse unterstreicht.

Havanna Thüringer (Orange)

A b c D g

Abbildung 27: Farbe Orange

Quelle: Janis Widder
https://www.instagram.com/janis_widder/

Die Farbe Orange, auch bekannt als Havanna Thüringer, ist eine auffällige und faszinierende Farbvariante bei Zwergwidder-Kaninchen. Sie zeichnet sich durch ein oranges Fell mit einem leichten Havanna-Anflug, einem schokoladenbraunen Ton, aus. Die Kombination dieser beiden Farbtöne

verleiht den Zwergwidder-Kaninchen ein einzigartiges und charmantes Aussehen.

Das Orange bei Zwergwidder-Kaninchen ist eine warme und lebhafte Farbe, die sofort ins Auge fällt. Es strahlt eine gewisse Energie und Freude aus, was diese Kaninchenrasse noch attraktiver macht. Die Farbe variiert von einem sanften, blassen Orange bis hin zu einem kräftigeren Ton, der fast wie ein sonniger Herbsttag aussieht.

Feh Thüringer (Seperator)

A b c d g

Abbildung 28: Farbe Feh Thüringer (Seperator)

Quelle: Minilops vom Hirschbach
https://www.minilopsvomhirschbach.de/

Die Farbe Feh Thüringer, auch bekannt als Seperator, bei Zwergwiddern ist eine faszinierende und bemerkenswerte Farbvariante. Das Separatorkaninchen hat eine charakteristische sandgraue Fellfarbe mit einem fahlblauen Anflug an Kopf, Ohren, Läufen und Unterseite. In Bezug auf die Fellfarbe gilt das Separatorkaninchen als die rezessivste Kaninchenrasse, da es alle anderen Faktoren für die Fellfarbe bis auf den Faktor A in der rezessivsten Form trägt. Diese Besonderheit ermöglicht es, das Separatorkaninchen auf Reinrassigkeit zu prüfen. Der Name der Rasse

stammt daher vom lateinischen Wort "separare" (auswählen), das auf diese wichtige Eigenschaft hinweist.

Feh Thüringer Otter (Seperator Otter)

A b c d g

Abbildung 29: Farbe Seperator Otter (Feh Thüringer Otter)

Quelle: Minilops vom Hirschbach
https://www.minilopsvomhirschbach.de/

Feh Thüringer Otter (Seperator Otter) ist eine spezielle Variante des Feh Thüringer Zwergwidders, die eine Kombination aus den Farbmerkmalen "Seperator" und "Otter" aufweist. Die Grundfarbe ist hier etwas heller als Isabell und zeichnet sich durch einen leichten Anflug der Farbe Feh aus.

Chinchilla (Schwarz)

achi B C D G

Abbildung 30: Farbe Chinchilla

Quelle: Bayerwald Fellnasen
https://www.instagram.com/bayerwald_fellnasen/

Diese Farbe wird durch ihre bläulich getönte, aschgraue Färbung mit einer flauschigen Schattierung charakterisiert, die durch das Grannenhaar entsteht. Die Verteilung der Farbzonen entspricht dabei der eines wildfarbigen Kaninchens. Diese einzigartige Färbung wird durch eine Mutation des Gens für die Farbbildung (Deutsches Symbol A, Englisches Symbol C) zu achi bzw. cch2 hervorgerufen, welche den Verlust des gelben Pigments im Haar bewirkt und die entsprechenden Bereiche weiß lässt.

Blau Chinchilla

achi B C d G

Abbildung 31: Farbe Blau Chinchilla

Quelle: Bayerwald Fellnasen
https://www.instagram.com/bayerwald_fellnasen/

Die Farbe "Blau Chinchilla" ist eine äußerst attraktive und faszinierende Variante bei Zwergwidder-Kaninchen. Sie zeichnet sich durch ein hellblaues und hellgraues gebändertes Fell aus, das von blau gespitzten Grannenhaaren durchzogen ist. Darüber hinaus weist das Fell eine hellere blaue Unterfarbe auf, die für zusätzliche Schönheit und Tiefe sorgt.

Das Blau Chinchilla bei Zwergwidder-Kaninchen verleiht ihnen ein äußerst edles und elegantes Aussehen. Das federleichte und gleichzeitig sanfte

Blau des Fells schafft eine ruhige und ansprechende Farbpalette. Das gebänderte Muster aus hellblauen und hellgrauen Streifen verleiht dem Kaninchen ein unverwechselbares Aussehen und betont seine natürliche Ausstrahlung.

Die blau gespitzten Grannenhaare im Fell sind ein besonderes Merkmal des Blau Chinchilla. Diese Haarspitzen tragen dazu bei, dass das Fell noch ansprechender und ausgeprägter wirkt. Sie verleihen dem Zwergwidder-Kaninchen eine spezielle Textur und ein interessantes visuelles Element.

Die hellere blaue Unterfarbe des Blau Chinchilla ergänzt das Gesamtbild und sorgt für einen zusätzlichen Kontrast. Sie verleiht dem Fell eine gewisse Lebendigkeit und Tiefe, die die Schönheit des Kaninchens weiter unterstreicht. Die Kombination aus den verschiedenen Blautönen schafft eine harmonische und auffällige Farbkombination.

Havanna Chinchilla

achi B c D G

Abbildung 32: Farbe Havanna Chinchilla

Quelle: Heuhoppler vom Kanal
https://www.instagram.com/heuhoppler_vom_kanal/

Havanna Chinchilla Zwergwidder haben ein äußerst attraktives und einzigartiges Aussehen. Das braun und hellgrau gestreifte Muster im Fell ist auffallend und verleiht dem Kaninchen eine elegante Erscheinung. Die Kombination der beiden Farben erzeugt einen auffälligen Kontrast und verleiht dem Kaninchen einen besonders charmanten und ansprechenden Look.

Die braun gespitzten Grannenhaare im Fell des Havanna Chinchilla tragen dazu bei, dass das Muster noch deutlicher und ausgeprägter wirkt. Sie verleihen dem Fell eine besondere Textur und betonen die Schönheit des

Kaninchens. Diese Haarspitzen sind ein charakteristisches Merkmal der Rasse und tragen zu ihrem einzigartigen Erscheinungsbild bei.

Die taubengraue Unterfarbe des Havanna Chinchilla Fell verleiht dem Kaninchen eine zusätzliche Tiefe und Dimension. Sie sorgt für einen subtilen Farbschimmer und rundet das Gesamtbild harmonisch ab. Diese Unterfarbe ist in Kombination mit den braunen und hellgrauen Streifen ein weiteres visuelles Highlight bei diesen Zwergwidder-Kaninchen.

Feh Chinchilla (hier mit Holli)

achi B c d G

Abbildung 33: Farbe Feh Chinchilla

Quelle: Bayerwald Fellnasen
https://www.instagram.com/bayerwald_fellnasen/

Der Hauptteil des Fells ist in einem warmen Fehton gehalten, wobei es aufgrund der speziellen Struktur des Haares einen leichten Schattierungseffekt aufweist. Dies verleiht dem Fell eine lebendige Tiefe und einen besonderen Reiz.

NAC (Non Agouti Chinchilla) Schwarz (hier mit Holli)

achi B C D g

Abbildung 34: Farbe NAC Schwarz Holli

Quelle: Heuhoppler vom Kanal
https://www.instagram.com/heuhoppler_vom_kanal/

Die Farbe NAC (Non Agouti Chinchilla) Schwarz zeichnet sich durch ihr tiefes, sattes Schwarz aus, das dem Kaninchen einen edlen und eleganten Look verleiht.

Im Gegensatz zu Agouti-Farben, bei denen das Fell aus verschiedenen Farbbändern besteht, ist die NAC Schwarz-Farbe einheitlich und ohne sichtbare Muster. Dadurch entsteht eine gleichmäßige Schwarztönung über das gesamte Fell, die bei Lichteinfall einen wunderschönen Glanz erzeugt.

NAC (Non Agouti Chinchilla) Havanna (hier mit Holli)

achi B c D g

Abbildung 35: Farbe NAC Havanna Holli

Quelle: Heuhoppler vom Kanal
https://www.instagram.com/heuhoppler_vom_kanal/

Die Farbe NAC Havanna ist eine faszinierende und attraktive Fellfarbe bei Zwergwiddern. Diese Variante zeichnet sich durch ihr tiefes, schokoladenbraunes Havanna-Farbton aus, der dem Kaninchen ein warmes und reichhaltiges Erscheinungsbild verleiht.

NAC (Non Agouti Chinchilla) Feh

achi B c d g

Abbildung 36: Farbe NAC Feh

Quelle: Heuhoppler vom Kanal
https://www.instagram.com/heuhoppler_vom_kanal/

Die Farbe NAC (Non Agouti Chinchilla) Feh ist eine seltene und ungewöhnliche Farbvariante bei Zwergwiddern.

Das Chinchilla Fell wird normalerweise mit der Agouti-Genmutation assoziiert, die dem Kaninchen eine reiche, gesprenkelte Farbei verleiht. Bei der NAC (Non Agouti Chinchilla) Feh Farbe fehlt diese typische Agouti-Mutation. Stattdessen sind die Kaninchen in dieser Farbvariante in einem einheitlichen, warmen Fehfarbton gehalten.

NAC (Non Agouti Chinchilla) Schwarz WG (Weißgranne)

achi B C D go

Abbildung 37: Farbe NAC (Non Agouti Chinchilla) Schwarz WG (Weißgranne)

Quelle: Bayerwald Fellnasen
https://www.instagram.com/bayerwald_fellnasen/

Die Farbe Schwarz mit Weißgranne (WG) ist eine spezifische Kombination, bei der das Kaninchen ein schwarzes Fell mit weißen Punkten oder Flecken aufweist. Die weißen Grannen, also das weiße Haar, tritt normalerweise in unregelmäßigen Mustern auf und kann über den Körper des Kaninchens verteilt sein.

Die NAC Schwarze WG Farbvariante bei Zwergwiddern kann sehr attraktiv und auffällig sein. Das tiefe Schwarz des Fells in Kombination mit den weißen Grannen erzeugt einen kontrastreichen und faszinierenden Look.

Da es sich um eine seltene Farbvariante handelt, sind Zwergwiddern mit NAC Schwarz WG bei Züchtern und Kaninchenliebhabern sehr begehrt. Die spezielle Kombination aus Schwarz und Weißgranne verleiht den Kaninchen einen einzigartigen und auffälligen Ausdruck.

NAC (Non Agouti Chinchilla) Havanna WG (Weißgranne)

achi B c D go

Abbildung 38: Farbe NAC (Non Agouti Chinchilla) Havanna WG

Quelle: Janis Widder
https://www.instagram.com/janis_widder/

Die Non Agouti (NAC) Genmutation bedeutet, dass das Kaninchen kein Agouti-Gen besitzt, was zu einer einheitlichen Farbgebung im gesamten Fell führt. In diesem Fall handelt es sich um die warme Havannafarbe.

Die Farbe Havanna ist bekannt für ihre reiche, schokoladenbraune Tönung. Bei der NAC Havanna WG Farbvariante weist das Kaninchen also ein einheitlich havannafarbenes Fell auf und verfügt über weiße Punkte oder Flecken, die als Weißgrannen bezeichnet werden. Diese Weißgrannen

treten normalerweise unregelmäßig im Fell auf und können über den Körper des Kaninchens verteilt sein.

Die Kombination aus Havanna und Weißgrannen verleiht den Zwergwiddern mit NAC Havanna WG eine besondere Ausstrahlung. Das schöne, schokoladenbraune Fell in Kombination mit den weißen Grannen sorgt für einen attraktiven und auffälligen Look.

Aufgrund ihrer Seltenheit sind Zwergwiddern mit NAC Havanna WG Farbe bei Züchtern und Kaninchenliebhabern besonders begehrt. Die besondere Kombination aus Havanna und Weißgrannen macht diese Farbvariante zu einem einzigartigen und bezaubernden Blickfang.

Rhön

achi bj C D g

Abbildung 39: Farbe Rhön

Quelle: Miniwidder of Hearts
https://www.instagram.com/miniwidder.of.hearts/

Der rhönfarbene Zwergwidder ist eine Kaninchenrasse, bei der die Verteilung der Farbflecken unregelmäßig ist und der Erscheinungsbild einem Birkenstamm ähnelt. Die vorherrschende Grundfarbe ist weiß, die

durch die genetische Kombination der Japanerzeichnung mit dem Chinchillafaktor entsteht.

Das bedeutet, dass das Fell des rhönfarbenen Zwergwidders hauptsächlich weiß ist, wobei sich unregelmäßige Flecken und Tupfen in verschiedenen Farben über das gesamte Fell erstrecken. Diese Farben können variieren, aber sie sollen der natürlichen Farbverteilung auf einem Birkenstamm ähneln, was dem Kaninchen einen einzigartigen und attraktiven Look verleiht.

Die Japanerzeichnung ist für die weiße Grundfarbe verantwortlich, während der Chinchillafaktor die pigmentierten Flecken erzeugt. Durch die Kombination dieser beiden Elemente entsteht der charakteristische Look des rhönfarbenen Zwergwidders.

Diese spezielle Farbgebung macht den rhönfarbenen Zwergwidder zu einem reizvollen und auffälligen Kaninchen. Es ist eine Rasse, die auf Ausstellungen oft bewundert wird, aber auch als Haustier sehr beliebt ist. Mit seiner einzigartigen Farbverteilung und seiner niedlichen Statur ist der rhönfarbene Zwergwidder eine Bereicherung für jeden Kaninchenliebhaber.

Feh-Rhön

achi bj c d g

Abbildung 40: Farbe Feh-Rhön

Quelle: Saalewindzwerge
https://www.instagram.com/saalewindzwerge/

Der Zwergwidder in der Farbe Feh-Rhön ist eine besondere Variante dieser Kaninchenrasse. Bei dieser Farbschlagbezeichnung handelt es sich um eine Kombination der Feh-Farbvariante mit der Rhön-Farbzeichnung.

Die Feh-Farbe ist eine Dunkelvariante in verschiedenen Schattierungen, die von hell- über dunkel- bis schiefergrau reichen kann. Das Fell des Feh-Rhön Zwergwidders ist hauptsächlich in Weiß mit dieser Feh-Farbe gehalten, wobei es verschiedene Schattierungen geben kann. Die

Farbverteilung ist unregelmäßig und kann sowohl gut durchmischt als auch in charakteristischen Flecken oder Tupfen auftreten.

Blaugranne

achi b C d G

Abbildung 41: Farbe Blaugranne

Quelle: Mini Lops vom Garten der Irrlichter
https://www.instagram.com/minilops_von_den_irrlichtern/

Der Blaugrannen Zwergwidder ist eine Kaninchenrasse, bei der das auffälligste Merkmal die spezielle Farbzeichnung ist, die als "Blaugranne" bezeichnet wird. Diese Farbzeichnung ist eine Kombination aus blauem und grauem Fell, die ein charakteristisches Muster aufweist.

Der Hauptfarbton des Fells beim Blaugrannen Zwergwidder ist ein schönes, sanftes Blau, das dem Tier einen eleganten und ansprechenden Look verleiht. Die Bauchdeckfarbe, die Innenseiten der Läufe sowie die Unterseite der Blume sind weiß. Die Schoßflecken sollten beim Blaugrannen Kaninchen dunkel getönt sein.

Sallander (Chinchilla Thüringer)

achi b C D g

Abbildung 42: Farbe Sallander

Quelle: knowa_rabbit
https://www.instagram.com/knowa_rabbit/

Der Sallander, auch bekannt als Chinchilla Thüringer, ist eine Kaninchenrasse mit einer markanten Farbgebung. Die Deckfarbe des Sallanders ist hell cremefarbig, wobei sie einen rußartigen Anflug hat, was ihm einen einzigartigen Look verleiht.

Das Hauptmerkmal der Sallander-Färbung sind die dunklen Abzeichen, die sich auf dem Fell erstrecken. Diese dunklen Abzeichen sind an der Schnauze zu finden und ziehen sich über die Wangen zu den Ohren. Sie können auch von den seitlichen Flanken zu den Läufen verlaufen. Diese dunkleren Bereiche kontrastieren auffällig mit der hellen cremefarbenen Grundfarbe des Fells und geben dem Sallander ein charakteristisches Erscheinungsbild.

Blau Sallander

achi b C d g

Abbildung 43: Farbe Blau Sallander

Quelle: Minilops vom Hirschbach
https://www.minilopsvomhirschbach.de/

Blau Sallander ist eine spezielle Farbvariante bei Kaninchen, die auf der Grundlage der Sallander-Färbung basiert. Die Deckfarbe des Blau Sallander Kaninchens ist ein schönes, sanftes blau-grau. Es ist wichtig zu beachten, dass das "Blau" in der Bezeichnung nicht die tatsächliche Farbe des

Himmelsblaus oder einer kräftigen blauen Farbe ist, sondern eher eine graue Nuance mit einem blauen Einschlag.

Die Deckfarbe des Blau Sallander zeigt das gleiche rußige Erscheinungsbild wie beim Sallander, jedoch in dieser blau-grauen Farbgebung. Das bedeutet, dass das Kaninchen eine helle, cremefarbene Grundfarbe hat, die mit einem sanften blauen Einschlag versehen ist. Die Farbverteilung kann von Kaninchen zu Kaninchen leicht variieren, aber das allgemeine Ziel ist ein ebenmäßiges und ansprechendes Aussehen.

Wie beim Sallander können auch beim Blau Sallander dunkle Abzeichen vorhanden sein. Diese dunklen Abzeichen können von der Schnauze über die Wangen zu den Ohren ziehen und von den seitlichen Flanken zu den Läufen verlaufen. Diese dunkleren Bereiche bilden einen reizvollen Kontrast zur blau-grauen Deckfarbe des Kaninchens.

Havanna Sallander

achi b c D g

Abbildung 44: Farbe Havanna Sallander

Quelle: Dölnitztaler Minilops
https://www.instagram.com/doellnitztaler_minilops/

Die Farbe Havanna Sallander bei Kaninchen ist eine spezielle Variation der Sallander-Färbung. Bei Havanna Sallander handelt es sich um eine Kombination aus Havanna und der Sallander-Farbzierung.

Die Havanna-Farbe ist ein warmes Schokoladenbraun. Das Fell des Havanna Sallander Kaninchens ist also in dieser intensiv braunen Grundfarbe gehalten, die allerdings aufgehellt erscheint.

Die Sallander-Charakteristik der dunklen Abzeichen ist auch bei Havanna Sallander Kaninchen zu finden. Diese dunklen Abzeichen können sich von

der Schnauze über die Wangen zu den Ohren erstrecken und von den seitlichen Flanken bis zu den Läufen verlaufen. Es bildet einen attraktiven Kontrast zur Havanna-Grundfarbe des Kaninchens.

Feh Sallander

achi b c d g

Abbildung 45: Farbe Feh Sallander

Quelle: Minilops vom Hirschbach
https://www.minilopsvomhirschbach.de/

Das Fell der Kaninchen mit der Feh Sallander Farbe ist meistens in einem matten Beige- oder Sandton gehalten. Es kann leichte Variationen in der Farbintensität und -tiefe geben, von hellem Beige bis zu einem dunkleren, sandfarbenen Ton.

Dunkelmarder Blau

am B C d g

Abbildung 46: Farbe Dunkelmarder Blau

Quelle: Mini Lops vom Garten der Irrlichter
https://www.instagram.com/minilops_von_den_irrlichtern/

Die Farbe Dunkelmarder Blau bei Kaninchen ist eine faszinierende Variante der Marderzeichnung, die durch die besondere Kombination von blauer und schwarzer Pigmentierung entsteht.

Die Grundfarbe des Dunkelmarder Blau Kaninchens ist ein tiefes, sattes Blau. Es kann verschiedene Schattierungen von Blau geben, von einem dunkleren, fast schwarzblauen Ton bis zu einem helleren, lebhafteren Blau. Diese Blaufärbung ist das dominierende Merkmal des Fells.

Die Marderzeichnung wird durch die schwarzen Abzeichen auf dem blauen Fell erzeugt. Diese Abzeichen sind in der Regel in einer dunkelgrauen bis schwarzen Farbe gehalten und erstrecken sich entlang des Rückens, auf

den Ohren, um die Augen und auf den Pfoten. Sie bilden ein charakteristisches Muster und verleihen dem Kaninchen einen einzigartigen und attraktiven Look.

Die dunkle Marderzeichnung auf dem blauen Fell des Kaninchens erzeugt einen schönen Kontrast und verleiht dem Dunkelmarder Blau eine besondere Ausstrahlung. Das Muster kann von Kaninchen zu Kaninchen leicht variieren.

Dunkelmarder-Weißgranne

am B C D go

Abbildung 47: Farbe Braunmarder Weißgranne

Quelle: Mini Lops vom Garten der Irrlichter
https://www.instagram.com/minilops_von_den_irrlichtern/

Die Farbe Dunkelmarder-Weißgranne bei Kaninchen ist eine besondere Variation der Marderzeichnung mit dem Zusatz von weißen Grannenhaaren.

Die Grundfarbe des Dunkelmarder-Weißgranne Kaninchens ist in der Regel ein tiefes, sattes Dunkelbraun. Dieses tiefe Braun bildet das dominierende Element des Fells.

Was die Dunkelmarder-Weißgranne von anderen Variationen der Marderzeichnung unterscheidet, sind die weißen Grannenhaare. Grannenhaare sind steife Haare, die normalerweise an der Außenseite des Fells wachsen und dem Kaninchen eine struppige Textur verleihen. Bei der Dunkelmarder-Weißgranne sind einige dieser Grannenhaare weiß, was einen schönen Kontrast zur dunkelbraunen Grundfarbe bildet.

Blaumarder-Weißgranne

am B C d go

Abbildung 48: Farbe Blaumarder Weißgranne

Quelle: Mini Lops vom Garten der Irrlichter
https://www.instagram.com/minilops_von_den_irrlichtern/

Kaninchen mit der Farbe Blaumarder-Weißgranne sind von besonderer Schönheit und Seltenheit. Diese Fellfarbe kombiniert zarte bläuliche und weiße Töne in einer attraktiven Musterung.

Der Begriff "Blaumarder" bezieht sich auf den bläulichen Farbton, der dem Fell der Kaninchen eigen ist. Er erinnert an das Fell des Marders, jedoch in einer charmanten blauen Variante. "Weißgranne" hingegen beschreibt die hellen, weißen Haarspitzen, die das Muster des Fells abrunden.

Siam Rhön Wild

am bj C D G

Abbildung 49: Farbe Siam Rhön

Quelle: Mini Lops vom Garten der Irrlichter https://www.instagram.com/minilops_von_den_irrlichtern/

Kaninchen mit der Farbe Siam Rhön Wild haben eine einzigartige und beeindruckende Fellfarbe, die von der Wildform des Kaninchens inspiriert ist. Sie zeichnet sich durch eine Kombination von dunklen, mahagoni- und schwarzbraunen Tönen aus, die dem Tier einen natürlichen und wild aussehenden Look verleihen.

Der Begriff "Siam" bezieht sich auf den dunklen Farbton des Fells, der das Kaninchen an die charakteristische Färbung der siamesischen Katzen erinnert. "Rhön Wild" deutet auf die Verbindung zur Wildform des Kaninchens hin und spiegelt das natürliche Erscheinungsbild wider.

Das Fell der Kaninchen mit der Farbe Siam Rhön Wild ist in der Regel an der Oberseite des Körpers dunkel und wechselt zu einer helleren Färbung an den Seiten und der Unterseite. Die dunklen Farbtöne variieren von

einem warmen, schokoladenbraunen Ton bis zu einem tieferen, fast schwarzbraunen Farbton. Dies verleiht dem Kaninchen eine interessante und natürliche Musterung.

Die Siam Rhön Wild Kaninchen haben häufig zusätzliche Merkmale, die ihre markante Färbung unterstreichen. Dazu gehören ein dunkler Aalstrich, der über den Rücken verläuft, sowie dunkle Haarspitzen an den Ohren und dem Schwanz. Diese Elemente verstärken die Wildästhetik des Tieres und heben seine natürliche Schönheit hervor.

Blau Siam

am b C d g

Abbildung 50: Farbe Siam Blau

Quelle: Minilops vom Hirschbach
https://www.minilopsvomhirschbach.de/

Die Farbe Blau Siam bei Zwergwiddern ist eine elegante und faszinierende Farbvariante, die eine einzigartige Kombination von Farben aufweist. Das Fell dieser Kaninchen ist elfenbeinfarben oder hellcreme gefärbt, wobei die Schulter und der Rücken etwas dunkler sind. Auf dem Rücken befindet

sich oft ein schwacher Rückenstreifen. Die Abzeichen sind graublau oder schieferfarben, während die Unterseite des Kaninchens cremefarben ist.

Feh Siam

am b c d g

Abbildung 51: Farbe Feh Siam

Quelle: Minilops vom Hirschbach
https://www.minilopsvomhirschbach.de/

Kaninchen mit der Farbe Feh Siam haben eine wunderschöne und einzigartige Fellfarbe, die sowohl exotisch als auch ansprechend ist. Die Kombination von "Feh" und "Siam" beschreibt die charakteristischen Merkmale des Fells. Diese Zwergwidder wirken weißlich bis cremefarben.

Siam Wild

am b C D G

Abbildung 52: Farbe Siam Wild

Quelle: Heuhoppler vom Kanal
https://www.instagram.com/heuhoppler_vom_kanal/

Kaninchen in der Farbe Siam Wild sind ebenfalls weißlich bis cremefarben, haben aber dunklere Stellen von der Schnauze über die Wangen bis hin zu den Ohren, die zum Teil sandfarben wirken. Siam Wild ähnelt stark den Schwarzgrannen.

Siam Weißgranne

am b C D go

Abbildung 53: Farbe Siam Weißgranne

Quelle: Mini Lops vom Garten der Irrlichter
https://www.instagram.com/minilops_von_den_irrlichtern/

Die Farbe Siam Weißgranne wirkt auch eher weißlich bis cremefarben. Auch hier gibt es dunklere Abzeichen von der Schnauze über die Wangen bis hin zu den Ohren.

Russe Blau (Blaumarder Russe)

an B C d g

Abbildung 54: Farbe Russe Blau

Quelle: Miniwidder of Hearts
https://www.instagram.com/miniwidder.of.hearts/

Die Russenzeichnung ist von der Optik her wie Siam, nur ist der Körper sehr weiß statt cremefarben und mit roten Augen. Das typische Rassemerkmal des Russen ist die Kälteschwärzung von Ohren, Schnauzpartie, Blume (Schwanz) und Läufen, die durch kühle Witterung gefördert und durch Wärme beeinträchtigt wird.

Felltypen

Bei den Zwergwiddern gibt es unterschiedliche Felltypen, die für charmantes Aussehen mitverantwortlich sind. Das Fell dieser kleinen Kaninchen ist weich, dicht und fühlt sich angenehm an. Es gibt verschiedene Variationen der Fellbeschaffenheit, von kurzhaarig bis langhaarig, lockig bis glatt. Jeder Felltyp hat seinen eigenen Reiz und verleiht den Zwergwiddern ein einzigartiges Aussehen. In diesem Abschnitt werden wir genauer auf die verschiedenen Felltypen bei Zwergwiddern eingehen und ihre charakteristischen Merkmale hervorheben. Entdecken Sie die Vielfalt der Fellvarianten und lassen Sie sich von der Schönheit dieser kleinen Fellknäuel begeistern.

Normalhaar

Abbildung 55: Normalhaar

Quelle: Odenwälder Zwergwidder
https://www.instagram.com/odenwaelder.zwergwidder

Der Zwergwidder mit gewöhnlichem Fell ist eine beliebte und weit verbreitete Variante dieser bezaubernden Kaninchenrasse. Ihr Fell ist von natur aus dicht, weich und mit einer angenehmen Textur. Im Gegensatz zu einigen anderen Fellvarianten der Zwergwidder, zeichnet sich das

gewöhnliche Fell durch eine durchschnittliche Länge und Beschaffenheit aus.

Das normale Fell der Zwergwidder ist weder zu kurz noch zu lang und hat einen mittleren Haarwuchs. Es ist nicht so voluminös wie bei einigen anderen Rassen, sondern liegt eher flach am Körper an. Durch seine Dichte und Weichheit verleiht es den Zwergwiddern jedoch dennoch ein äußerst ansprechendes Aussehen und eine angenehme Haptik.

Ein weiterer Vorteil des gewöhnlichen Fells ist seine relativ geringe Pflegeintensität im Vergleich zu einigen längeren oder zotteligen Fellvarianten.

Kaschmir

Abbildung 56: Felltyp Kaschmir

Quelle: knowa_rabbit
https://www.instagram.com/knowa_rabbit/

Kaschmir-Kaninchen haben ihren Ursprung in England. Sie wurden durch eine gezielte Kreuzung zwischen Angora-Kaninchen und Holländischen Widderzwergen gezüchtet. Diese wunderbaren Kaninchen zeichnen sich durch ihr dichtes und geschmeidiges Fell aus, das eine Länge von etwa 5-6 cm erreicht. Interessanterweise sind die Ohren und der Kopf kürzer behaart als der Rest des Körpers. Diese Unterschiede in der Behaarung verleihen den Kaschmir-Kaninchen einzigartige Merkmale und tragen zu

ihrem charmanten Aussehen bei. Ihr luxuriöses und weiches Fell macht sie zu einem besonderen Anblick und begeistert Kaninchenliebhaber weltweit.

Quelle: https://herz-fuer-tiere.de/haustiere/kleintiere/kaninchen/zuchtformen-bei-kaninchen

Satin

Abbildung 57: Felltyp Satin

Quelle: knowa_rabbit
https://www.instagram.com/knowa_rabbit/

Satin-Kaninchen werden aufgrund ihres besonders seidigen Fells oft bewundert. Dieser spezielle Felltyp trat erstmals im Jahr 1932 als genetische Mutation in einem Wurf von Havanna-Kaninchen in den USA auf. Als diese besonderen Kaninchen im Jahr 1934 auf einer Ausstellung

präsentiert wurden, zeigten viele Züchter Interesse. Obwohl die Pelzindustrie nur begrenztes Interesse an ihnen zeigte, sind Satin-Kaninchen heute immer noch begehrte Liebhabertiere.

Das charakteristische Merkmal der Satin-Kaninchen ist ihre Fellstruktur, die eine Länge von 2,5 bis 3 cm aufweist. Dieses Merkmal wird rezessiv gegenüber dem Normalhaar vererbt. Auffallend ist auch die Dichte des Fells: Satin-Kaninchen haben mehr Haare als jede andere Kaninchenrasse. Die am häufigsten vorkommende Farbe bei Satin-Kaninchen ist Elfenbein, die durch Einkreuzungen von Weißen Neuseeländern entstanden ist. Durch Paarungen mit anderen Rassen wurden weitere Farbschläge und Muster erreicht. Satin-Kaninchen sind bekannt für ihr sanftmütiges und ruhiges Wesen.

Die Schönheit und Einzigartigkeit der Satin-Kaninchen machen sie zu beliebten Haustieren unter Kaninchenliebhabern. Ihr seidiges Fell und ihre sanfte Natur machen sie zu wunderbaren Begleitern für Familien und Einzelpersonen, die nach einem ruhigen und liebevollen Tier suchen

Quelle: https://herz-fuer-tiere.de/haustiere/kleintiere/kaninchen/zuchtformen-bei-kaninchen

LionLop

Abbildung 58: LionLop

Quelle: Odenwälder Zwergwidder
https://www.instagram.com/odenwaelder.zwergwidder

Der LionLop ist eine entzückende Kaninchenrasse, die für ihr einzigartiges Aussehen und ihren liebenswerten Charakter bekannt ist. LionLops haben eine Besonderheit, die sie von anderen Zwergkaninchen unterscheidet: ihre charakteristische Löwenmähne und ihre hängenden Ohren, die ihren niedlichen Ausdruck noch verstärken.

Das herausragendste Merkmal des LionLops ist die dichte Mähne, die ihnen ein majestätisches Erscheinungsbild verleiht. Die Mähne wächst um den Kopf herum und erstreckt sich bis hinunter zum Nacken. Es ist eine Mischung aus längeren, seidigen Haaren, die das Gesicht des Kaninchens einrahmen, und kürzeren, krausen Haaren, die um den Hals herum den Eindruck einer Löwenmähne erwecken.

Die Ohren des LionLops sind lang und hängend, was ihnen einen unverwechselbaren Charme verleiht. Im Gegensatz zu Zwergkaninchen mit aufrechten Ohren haben LionLops weiche und behaarte Ohren, die sich anmutig an den Kopf schmiegen.

LionLops sind in verschiedenen Farben und Fellmustern erhältlich, von klassischem Weiß bis hin zu Brauntönen, Grau, Schwarz und Mischungen aus verschiedenen Farben. Diese Vielfalt verleiht jedem LionLop seine individuelle und einzigartige Persönlichkeit.

Rex

Abbildung 59: Felltyp Rex

Quelle: Zwerge vom Ellernbruch
https://www.instagram.com/zwerge_vom_ellernbruch/

Rex-Kaninchen beeindrucken durch ihre besonders weiche und samtartige Haarstruktur. Das erste Exemplar dieser Rasse wurde im Jahr 1919 in einem kleinen Dorf in Frankreich geboren. Der örtliche Pfarrer war so von dieser einzigartigen Fellart begeistert, dass er sich entschloss, sie gezielt zu züchten. Im Jahr 1924 präsentierte er mehrere Tiere auf einer

Ausstellung, die große Aufmerksamkeit erregten und zum Durchbruch dieser neuen Rasse führten. Heutzutage gibt es Rex-Kaninchen in einer Vielzahl von Farben und Zeichnungen, die ihre Vielfalt und Schönheit widerspiegeln.

Das Haar der Rex-Kaninchen ist etwa 1,5 cm lang und steht senkrecht auf dem Körper. Auf der Mitte des Rückens erreicht es eine Länge von 1,7 - 2 cm. Jedes einzelne Haar ist kräftig und sollte nicht gewellt oder gelockt sein. Die Grannenhaare sind fein und schließen mit einer dichten, weichen Unterwolle ab.

Innerhalb der Rex-Kaninchen gibt es auch zwei besondere Felltypen: Das Opossum-Rex hat relativ längeres Fell (ca. 2,5 cm), das vom Körper absticht und silbrig gekräuselte Spitzen aufweist. Das Ast-Rex hingegen hat gekräuseltes Fell, das eng am Körper anliegt.

Obwohl beide Rassetypen ursprünglich aus England stammen, werden sie heutzutage nur noch selten gezüchtet. Trotzdem sind Rex-Kaninchen für ihr liebevolles und temperamentvolles Wesen bekannt. Sie sind oft verspielt, neugierig und haben eine besondere Anziehungskraft für Kaninchenliebhaber weltweit.

Teddy

Abbildung 60: Teddy-Zwergwidder

Quelle: Dölnitztaler Minilops
https://www.instagram.com/doellnitztaler_minilops/

Das Teddy-Kaninchen ist eine vergleichsweise neue Fellvariante, die einen besonderen Charme ausstrahlt. Das gesamte Körperhaar, einschließlich des Gesichts, ist etwa 4-6 cm lang und zeichnet sich durch seine außergewöhnliche Feinheit aus. Aufgrund dieser Besonderheit erfordert das Fell eine intensive Pflege, um Verfilzungen zu verhindern.

Exkurs in die Genetik

In der Genetik der Zwergwidder gibt es zwei wichtige Konzepte, die Genotyp und Phänotyp genannt werden. Diese bringen eine interessante Dynamik in die Vererbung und die äußere Erscheinung dieser bezaubernden Kaninchenrasse.

Der Genotyp bezieht sich auf die genetische Ausstattung eines Zwergwidders. Er umfasst die spezifischen Gene und Allele, die ein Kaninchen von seinen Eltern erbt. Jedes Gen trägt Informationen, die bestimmte Merkmale, wie zum Beispiel die Farbe des Fells oder die Länge der Ohren, beeinflussen. Der Genotyp wird durch Kombinationen von Genen und Allelen bestimmt und bedingt somit die genetische Grundlage eines Zwergwidders.

Der Phänotyp hingegen bezieht sich auf die beobachtbare oder messbare Erscheinung eines Zwergwidders. Er umfasst alle äußerlichen Merkmale eines Kaninchens, wie seine Farbe, Fellstruktur, Körpergröße und Ohrenlänge. Der Phänotyp wird durch den Genotyp bestimmt, aber auch durch Umweltfaktoren und andere genetische Interaktionen beeinflusst.

Es ist wichtig zu beachten, dass der Phänotyp nicht immer alle genetischen Informationen eines Zwergwidders widerspiegelt.

Der Unterschied zwischen Genotyp und Phänotyp in der Genetik der Zwergwidder liegt also darin, dass der Genotyp die genetische Ausstattung eines Kaninchens darstellt, während der Phänotyp seine beobachtbare äußere Erscheinung beschreibt. Die Erforschung und Verständnis dieser beiden Konzepte ermöglicht es Züchtern und Wissenschaftlern, genetische Merkmale zu analysieren, Vererbungsmuster

vorherzusagen und selektive Zuchtprogramme zu entwickeln, um bestimmte gewünschte Eigenschaften in Zwergwiddern zu züchten.

Grundfaktoren der Farbvererbung

„A B C D G sind die fünf Farballele des Kaninchens. Rezessive Gene ("nicht in Erscheinung tretend" / "in den Hintergrund tretend") werden klein geschrieben und dominate groß.“

Der erste Buchstabe eines Allels kennzeichnet den Phänotyp, also das äußere Erscheinungsbild des Kaninchens. Der zweite Buchstabe repräsentiert das Allel, das das Kaninchen trägt (das rezessivere Gen). Gleichzeitig vervollständigt der zweite Buchstabe die Gesamtheit der Gene in Bezug auf das Kaninchen.

Beispiel: AamBbCcDDgg

Phänotyp

Genotyp

Tipp: Wenn man nicht weiß, ob oder was das Kaninchen in einem Allel trägt, kann man einfach ein Fragezeichen einsetzen: AAB?C?ddgg

Beispiel:

Bei einer Verpaarung von reinen Havanna- und Blau-Sallander-Zwergwiddern geben beide Eltern jeweils eine bestimmte Kombination von Genen (jeweils einen Buchstaben aus jeder Genreihe) an ihre Nachkommen weiter. Hier ist ein Beispiel:

Havanna (A/A B/B c/c D/D g/g) x Blau-Sallander (achi/achi b/b C/C d/d g/g)

Die Jungtiere würden folgende Genkombination haben: A/achi B/b C/c D/d g/g

Die Jungtiere zeigen im Phänotyp das dominante Merkmal A, tragen jedoch das Allel achi der Mutter - dasselbe gilt für die anderen Genreihen. Basierend auf diesen Genkombinationen wären die Jungtiere schwarz, aber sie könnten selbst eine Vielzahl von Farben hervorbringen, da sie viele verschiedene Allele tragen.

A-Serie

A = Vollpigmentierung: Farbe Schwarz oder Havanna oder Blau oder Feh bzw. Hellbraun, über den ganzen Körper verteilt

a^{chi} = Verminderte Rotausprägung: kein Hellbraun im Fellkleid, sondern Weiß

a^{m} = Marder und Siam: Siam oder Marderzeichnung = Vollfarbe nur an bestimmten Körperpunkten (Kopf, Ohren,Läufe), ansonsten Farbe cremig verdünnt)

a^{n} = Russenfaktor: Russenzeichnung = wie Siam nur Körper weiß statt cremefarben und mit roten Augen

a = Albino: Albino = weiß mit roten Augen

B-Serie

B^{e} =Eisengrau

B = Normale Schwarzausbreitung: Farbe (Schwarz, Havanna, Blau, Feh) auf jedem Haar des Fells

b^{j} = Japaner und Röhn: Farbe nur auf manchen Haarbüscheln, ansonsten hellbraun

b = Verminderte Schwarzausbreitung: Farbe nur als schwacher Schleier auf der Körperunterseite, ansonsten hellbraun

C-Serie

C = Kein Havanna: Schwarz

c = Havanna basiert

D-Serie

D = Kein Blau: ohne Verdünnung also Schwarz oder Havanna

d = Blau basiert: mit verdünnter Farbe also Blau oder Feh

G-Serie

G = Wildfaktor: wildfarben (Haare gebändert mit hellbraun und weiß)

g^o = Otter: Otterfärbung mit hellbraunen Haarspitzen nur auf der Körperunterseite

g = Kein Wildfaktor: ohne hellbraune Fellspitzen

„Die Gene sind sortiert aufgelistet. Die dominanteren stehen weiter oben. Das heißt, in der A-Serie ist das dominateste Gen A und überlagert die anderen in der Serie."

Quellen: Miniwidder in Leipzig im Neuseenland https://www.miniwidder-im-neuseenland.de/genetik
und
PanoBreeder – Ben Paffrath
https://panobreeder.de/kaninchen-farben-vererbung-rechner/
und
Der Kuschelgarten
https://kuschelgarten.jimdo.com/genetik/
und
Zwippos liebevolle Hobbyzucht
https://zwippos.jimdo.com/genetik/

Übersicht der Genformeln im Phänotypen

Die Farbformeln im Phänotyp sind eine faszinierende Möglichkeit, die genetischen Grundlagen und Vererbungsmuster hinter den einzelnen Farbvariationen der Zwergwidder zu erkunden. Indem wir die genetischen Codes und Kombinationen verstehen, die zu den verschiedenen Fellfarben und -zeichnungen führen, können wir die Vielfalt und Schönheit der Zwergwidder in einem ganz neuen Licht betrachten.

In diesem Abschnitt werden wir die verschiedenen Farbformeln im Phänotyp genauer betrachten und ihre Auswirkungen auf das äußere Erscheinungsbild der Zwergwidder verstehen. Wir werden die unterschiedlichen Kombinationen von Allelen, die für die verschiedenen Merkmale verantwortlich sind, analysieren und lernen, wie diese in den einzelnen Tieren zum Ausdruck kommen.

Es ist faszinierend zu sehen, wie die genetischen Codes das Fell der Zwergwidder in einer so breiten Palette von Farben und Mustern beeinflussen können. Durch das Verständnis der Farbformeln können wir die Vorhersage der Farben und Zeichnungen in den Nachkommen besser verstehen und uns bewusste Entscheidungen bei der Zucht treffen.

Genießen Sie diese aufregende Reise in die Welt der Farbformeln im Phänotyp der Zwergwidder. Lassen Sie uns gemeinsam die Geheimnisse der genetischen Vererbung entschlüsseln und ein tieferes Verständnis für die wundervollen Farbvariationen dieser besonderen Kaninchenrasse gewinnen.

In der Genetik werden Großbuchstaben für den dominanten Erbgang und Kleinbuchstaben für den rezessiven Erbgang verwendet. Diese Buchstaben repräsentieren die Allele, also die verschiedenen Varianten eines Gens, die für bestimmte Merkmale verantwortlich sind.

Der dominante Erbgang bedeutet, dass ein Merkmal oder eine Eigenschaft, die durch das dominante Allel bestimmt wird, im Phänotyp sichtbar ist, selbst wenn nur ein Allel dieses Typs vorhanden ist. Zum Beispiel wird das Merkmal "A" bei einem dominanten Erbgang im Phänotyp auftreten,

unabhängig davon, ob das zweite Allel des entsprechenden Gens dominant oder rezessiv ist.

Im Gegensatz dazu wird beim rezessiven Erbgang das Merkmal oder die Eigenschaft nur sichtbar sein, wenn sowohl die mütterliche als auch die väterliche Kopie des Gens das entsprechende rezessive Allel tragen. Zum Beispiel wird das Merkmal "a" nur im Phänotyp erscheinen, wenn das Individuum zwei rezessive Allele ("aa") für dieses Merkmal hat.

Die Verwendung von Groß- und Kleinbuchstaben ermöglicht es uns, die Vererbung von Merkmalen zu analysieren und vorherzusagen, welche Varianten eines Gens

A

ABeCDG - Eisengrau

ABeCdG - Blau-Eisengrau

ABecDG - Havanna-Eisengrau

ABecdG - Feh-Eisengrau

ABeCDg - wirkt schwarz, vererbt mit Wild wieder Eisengrau

ABeCdg - wirkt blau, vererbt mit Wild wieder Eisengrau

ABecDg - wirkt havanna, vererbt mit Wild wieder Eisengrau

ABecdg - wirkt feh, vererbt mit Wild wieder Eisengrau

ABeCDg° - wirkt schwarz, vererbt aber Loh/Otter

ABeCdg° - wirkt blau, vererbt aber Loh/Otter

ABecDg° - wirkt havanna, vererbt aber Loh/Otter

ABecdg° - wirkt feh, vererbt aber Loh/Otter

ABCDG - Wild

ABCdG - Blauwild, Perlfeh

ABcDG - Havannawild

ABcdG - Fehwild, Lux

ABCDg - Schwarz

ABCdg - Blau

ABcDg - Havanna

ABcdg - Feh

ABCDg° - Schwarz-Loh bzw. Otter, je nach Rotverstärker

ABCdg° - Blau-Loh bzw. Otter, je nach Rotverstärker

ABcDg° - Havanna -Loh bzw. Otter, je nach Rotverstärker

ABcdg° - Feh -Loh bzw. Otter, je nach Rotverstärker

AbjCDG - Japaner mit Wildfaktor

AbjCdG - Blau-Japaner mit Wildfaktor

AbjcDG - Havanna-Japaner mit Wildfaktor

AbjcdG - Feh-Japaner mit Wildfaktor

AbjCDg - Japaner

AbjCdg - Blau-Japaner

AbjcDg - Havanna-Japaner

Abjcdg - Feh-Japaner

AbjCDg° - Japaner-Otter

AbjCdg° - Blau-Japaner-Otter

AbjcDg° - Havanna-Japaner-Otter

Abjcdg° - Feh-Japaner-Otter

AbCDG - Gelb oder Rot, je nach Rotverstärker

AbCdG - Gelb/Rot, blau-basiert, blasses, kühles Gelb/Rot

AbcDG - Gelb/Rot, havanna-basiert, sehr warmes, "goldenes" Gelb/Rot

AbcdG - Gelb (Rot vermutlich nicht), feh-basiert, blasses, kühles Gelb

AbCDg - Thüringer

AbCdg – Isabell (Blau Thüringer)

AbcDg – Orange (Havanna Thüringer)

Abcdg – Separator (Feh Thüringer)

AbCDg° - Thüringer-Otter

AbCdg° - Isabell-Otter (Blau Thüringer Otter)

AbcDg° - Orange-Otter (Havanna Thüringer Otter)

Abcdg° - Separator-Otter (Feh Thüringer Otter)

achi

achiBCDG - Chinchilla

achiBCdG - Blau-Chinchilla

achiBcDG - Havanna-Chinchilla

achiBcdG - Feh-Chinchilla

Alle Chins gibt es auch als Eisengrau und deren Varietäten.

achiBCDg - Nonagouti-Chinchilla, ein einfarbiger Chinchilla ohne Ticking - Das Tier wirkt schwarz!

achiBCdg - Nonagouti-Blau-Chinchilla, ein einfarbiger Blau-Chinchilla ohne Ticking. Das Tier wirkt blau!

achiBcDg - Nonagouti-Havanna-Chinchilla, ein einfarbiger Havanna-Chinchilla ohne Ticking. Das Tier wirkt havanna!

achiBcdg - Nonagouti-Feh-Chinchilla, ein einfarbiger Feh-Chinchilla ohne Ticking. Das Tier wirkt feh!

achiBCDg° - Schwarz-Weißgranne

achiBCdg° - Blau-Weißgranne

achiBcDg° - Havanna-Weißgranne

achiBcdg° - Feh-Weißgranne

achibjCDG - Rhön mit Wildfaktor (im Phänotyp ist G bei Rhön nicht erkennbar!)

achibjCdG - Blau-Rhön mit Wildfaktor (im Phänotyp ist G bei Rhön nicht erkennbar!)

achibjcDG - Havanna-Rhön mit Wildfaktor (im Phänotyp ist G bei Rhön nicht erkennbar!)

achibjcdG - Feh-Rhön mit Wildfaktor(im Phänotyp ist G bei Rhön nicht erkennbar!)

achibjCDg - Rhön

achibjCdg - Blau-Rhön

achibjcDg - Havanna-Rhön

achibjcdg - Feh-Rhön

achibCDG - Schwarzgranne

achibCdG - Blaugranne

achibcDG - Havannagranne

achibcdG - Fehgranne

achibCDg – Sallander

achibCdg - Blau-Sallander

achibcDg - Havanna-Sallander

achibcdg - Feh-Sallander

achibCDg° - Sallander-Weißgranne

achibCdg° - Blau-Sallander-Weißgranne

achibcDg° - Havanna-Sallander-Weißgranne

achibcdg° - Feh-Sallander-Weißgranne

am/an

Bei den Mardern und Siamesen wird die Trägereigenschaft im Genotyp mit angeben, um zu verdeutlichen was einen Typ- von einem Dunkel-Marder/Siamesen unterscheidet.

am(am)BCDg - Dunkelmarder

am(am)BCdg - Blau Marder

am(am)BcDg - Havanna Marder

am(am)Bcdg - Feh Marder

am(an){a}BCDg - Typmarder Schwarzbasiert (auf Russe basiert),{auf Weiß RA basiert}

am(an){a}BCdg - Typmarder Blau (auf Russe basiert),{auf Weiß RA basiert}

am(an){a}BcDg - Typmarder Havanna (auf Russe basiert),{auf Weiß RA basiert}

am(an){a}Bcdg - Typmarder Feh (auf Russe basiert),{auf Weiß RA basiert}

amBCDg° - Dunkelmarder-Weißgranne

amBCdg° - Blaumarder-Weißgranne

amBcDg° - Havannamarder-Weißgranne

amBcdg° - Fehmarder-Weißgranne

amBCDG - Dunkelmarder - sieht aus wie Chinchilla

amBCdG - Blaumarder-Wild - sieht aus wie Blau-Chinchilla

amBcDG - Havannamarder-Wild - sieht aus wie Havanna-Chinchilla

amBcdG - Fehmarder-Wild - sieht aus wie Feh-Chinchilla

ambjCDG - Siam Rhön Wild

ambjCdG - Blau Siam Rhön Wild

ambjcDG - Havanna Siam Wild

ambjcdG - Feh Siam Wild

ambCDG - Siam-Wild - ähnelt stark den Schwarzgrannen

ambCdG - Blau-Siam-Wild - ähnelt stark den Blaugrannen

ambcDG - Havanna-Siam-Wild - ähnelt stark den Havannagrannen

ambcdG - Feh-Siam-Wild - ähnelt stark den Fehgrannen

ambCDg° - Siam-Weißgranne

ambCdg° - Blau-Siam-Weißgranne

ambcDg° - Havanna-Siam-Weißgranne

ambcdg° - Feh-Siam-Weißgranne

am(an){a}bCDg - Typsiam gelb (schwarz) (auf Russe basiert),{auf Weiß RA basiert}

am(an){a]bCdg - Typsiam blau (auf Russe basiert),{auf Weiß RA basiert}

am(an){a}bcDg - Typsiam Havanna (auf Russe basiert),{auf Weiß RA basiert}

am(an){a}bcdg - Typsiam Feh (auf Russe basiert),{auf Weiß RA basiert}

Die meisten Siamesen sind spalterbig auf Weiß RA, seltener auf Russe.

anBCDG - Russe Wild (Braunmarder-Wild-Russe)

anBCdG - Russe Blau-Wild (Blaumarder-Wild-Russe)

anBcDG - Russe Havanna-Wild (Havannamarder-Wild-Russe)

anBcdG Russe Feh-Wild (Fehmarder-Wild-Russe)

anBCDg - Russe Schwarz (Braunmarder-Russe)

anBCdg - Russe Blau (Blaumarder-Russe)

anBcDg - Russe Havanna (Havannamarder-Russe)

anBcdg - Russe Feh (Fehmarder-Russe)

anBCDg° - Russe Schwarz-Weißgranne

anBCdg° - Russe Blau-Weißgranne

anBcDg° - Russe Havanna-Weißgranne

anBcdg° - Russe Feh-Weißgranne

Russen, die auf Marder basieren (also mit großem "B" in der Erbformel) sind sehr häufig anzutreffen. Sehr selten gibt es auch Siam-Russen. Auf die gehen wir nun näher ein:

anbCDg - Russe schwarz (Siam-Russe) sind nicht so intensiv gefärbt

anbCdg - Russe blau (Blausiam-Russe) sind nicht so intensiv gefärbt

anbcDg - Russe Havanna (Havannasiam-Russe) sind nicht so intensiv gefärbt

anbcdg - Russe Feh (Fehsiam-Russe) sind nicht so intensiv gefärbt

Natürlich gibts die nun theoretisch auch als Wilde und Weißgrannen.

Quelle: Unsere Könige Zwergwidder & Rexwidder
http://unsere-koenige.com/index.php?inc=genetik&go=7

Internationale Farbbezeichnungen (Phänotyp)

Willkommen zum aufregenden Kapitel über die internationalen Farbbezeichnungen im Phänotyp bei Zwergwidderkaninchen. In diesem Abschnitt werden wir uns mit den verschiedenen Farbbezeichnungen auseinandersetzen, die weltweit verwendet werden, um die Schönheit und Vielfalt der Zwergwidderfarben zu beschreiben.

Die Zwergwidder sind bekannt für ihre breite Palette an faszinierenden Farben und Zeichnungen. Allerdings variieren die Farbbezeichnungen je nach Land und Verband. Dieses Kapitel wird Ihnen eine internationale Perspektive auf die Farbbezeichnungen bieten und Ihnen ermöglichen, die verschiedenen Namen und Kategorien zu entdecken, die in verschiedenen Teilen der Welt verwendet werden.

Wir werden uns mit den Hauptfarben und deren spezifischen Bezeichnungen befassen, von Schwarz über Blau bis hin zu Havanna und Feh. Darüber hinaus werden wir auch auf verschiedene Zeichnungen eingehen, wie Holländer, Japaner, Mantelschecken und viele mehr. Wir werden lernen, wie diese Namen und Kategorien helfen, die Merkmale der Zwergwidder zu beschreiben und ihre genetische Vielfalt darzustellen.

Dieses Kapitel ist eine einzigartige Gelegenheit, Ihre Kenntnisse über die internationalen Farbbezeichnungen bei Zwergwidderkaninchen zu erweitern. Egal, ob Sie ein Züchter, Aussteller oder einfach ein begeisterter Liebhaber dieser wundervollen Kaninchenrasse sind, das Verständnis der internationalen Farbbezeichnungen wird Ihnen helfen, die Farbvielfalt der Zwergwidder besser zu schätzen.

Deutsche Bezeichnung	Englische Bezeichnung
Schwarz	Black
Havanna	Chocolate (choc)
Blau	Blue
Feh	Lilac
Japaner (wildbasiert)	Harlequin
Blau Japaner (wildbasiert)	Blue Harlequin
Havanna Japaner (wildbasiert)	Choc Harlequin
Feh Japaner (wildbasiert)	Lilac Harlequin
Rhön (wildbasiert)	Magpie
Havanna Rhön (wildbasiert)	Choc Magpie
Feh Rhön (wildbasiert)	Lilac Magpie
Blau Rhön (wildbasiert)	Blue Magpie
Chinchilla	Chin
Wild	Agouti
Blau Wild (Perlfeh)	Opal
Havanna Wild	Cinnamon
Feh Wild (Lux)	Lynx
Russenfarbig	Black Point
Blau Chinchilla	Squirrel
Thüringer	Scooty Fawn
Seperator	Sussex cream / Lilac tort
Isabell (Blau Thüringer)	Blue tort
Orange (Havanna Thüringer)	Choc tort
Gelb (Wild Thüringer)	Orange
Siam	Sealpoint
Havanna Siam	Chocpoint
Blau Siam	Bluepoint
Feh Siam	Lilacpoint
Blaumarder	Smoke
Braunmarder	Sable
Havanna Marder	Choc Sable
Feh Marder	Lilac Sable
Dunkelmarder	Seal
Schwarzgranne	Frosty Point
Blaugranne	Blue Frosty Point
Havannagranne	Choc Frosty Point
Fehgranne	Lilac Frosty Point

Weißgrannen (WG) Schwarz	Black Fox
Blau WG	Blue Fox
Havanna WG	Choc Fox
Feh WG	Lilac Fox
Sallander	Iron Grey
Blau Sallander	Blue Sallander
Havanna Sallander	Choc Sallander
Feh Sallander	Lilac Sallander
Siam Rhön	Magpie Point
Blau Siam Rhön	Blue Magpie Point
Havanna Siam Rhön	Choc Magpie Point
Feh Siam Rhön	Lilac Magpie Point
Gelb Blaubasiert	Fawn
Gelb Fehbasiert	Cream
Weißgranne bei Röhn, Sallander, Marder, Siam Röhn und Siam	Marten

Tabelle 1: Englische Bezeichnungen

Quelle: Kaninchen vom Mümmeltal
https://kaninchen-vom-muemmeltal.jimdo.com/farben/

Zeichnungen/Scheckungen

Deutsch (Zwergwidder)	Englisch (Mini Lop)
Einfarbig	Self
Holländer (Holli) (HS)	Split
Holländeransatz (HA)	Vienna Marked (VM)
Holli Träger (HT)	Vienna Carrier (VC)
Mantelschecke (MS)	Butterfly
Punktschecke (PS)	Broken

Tabelle 2: Englische Zeichnungen/Scheckungen

Quelle: Black Forest Lops
https://black-forest-lops.jimdofree.com/farbbezeichnung-zeichnung/

Augenfarbe

Deutsch (Zwergwidder)	Englisch (Mini Lop)
Braune Augen (BrA)	Brown eyed (BrE)
Blaue Augen (BA)	Blue eyed (BE)
Mischaugen (Blau/Braun) (MA)	Mixed eyed (ME)
Blaue Augen Träger (BAT)	

Tabelle 3: Englische Bezeichnungen der Augenfarben

Quelle: Black Forest Lops
https://black-forest-lops.jimdofree.com/farbbezeichnung-zeichnung/

Buchstaben der Genformeln

europäisch	international	
A	C	volles Pigment
achi	cchd	Chinchillafaktor (verhindert Gelb und Rottöne; Teilalbino)
am	cchl	Marderfaktor (leichte Farbaufhellung, Teilalbino)
an	ch	Russenfaktor (Teilalbino)
a	c	Albino (weiß mit roten Augen)
B	E	Faktor für dunkles Pigment
Be	Es	Faktor für Eisengrau
bj	ej	Japanerfaktor
b	e	Faktor für gelb (Aufhellung der Pigmente)
C	B	Faktor für schwarz
c	b	Faktor für braun
D	D	Faktor für volle Farbe
d	d	Faktor für verdünnte Farbe (blau/feh)
G	A	Faktor für Wildfarbigkeit
g°	at	Lohfaktor
g	a	Faktor zur Einfarbigkeit
lu	p	Lutino-Faktor
X / x	V / v	Braune Augen / Blaue Augen (leuzistisch weiß)
K / k	En / en	Punktscheckung / Einfarbig
S / s	Du / du	Einfarbig / Plattenscheckung (Holländerscheckung)
Wo / wo	nicht vergeben	Weißohrscheckung / Einfarbig
P / p	si /Si	Silberung / keine silberung
Rex / rex	R1 / r1	Normalhaar / Rexkurzhaar
Dek / dek	R2 / r2	Normalhaar / Deutschkurzhaar (ausgestorben)
Nok / nok	R3 / r3	Normalhaar / Normannenkurzhaar (ausgestorben)
Sa / sa	Sa / sa	Normalhaar / Satin
Fu / fu	läuft int. unter Angora	Normalhaar / Fuchslanghaar
V / v	L / l	Normalhaar / Angoralanghaar

europäisch	international	
M / m	M / m	Mähne / keine Mähne
W / w	W / w	normales Band / weites Band (bei Hasenfarbe)
y	r	Gelbverstärker
e	n	Schwarzverstärker
Dw / dw	Dw / dw	normale Größe / Zwergfaktor
LO / lo		normale Ohren / Löffelohr

Quelle: https://kaninchen.fiebig.cc/zuchtziele/genformeln

Der Vorwurf der Qualzucht bei Zwergwiddern

Gastbeitrag von Miniwidder in Leipzig im Neuseenland

Tierschützer und einige Tierärzte stufen Widderkaninchen als Qualzucht ein und fordern vom Gesetzgeber ein Verbot der Widderzucht in Deutschland. Eine Qualzucht ist laut Deutschem Tierschutzgesetz §11 b:

[eine] Nachzucht, [der] erblich bedingt Körperteile oder Organe für den artgemäßen Gebrauch fehlen oder untauglich oder umgestaltet sind und hierdurch Schmerzen, Leiden oder Schäden auftreten [...]

Es wird argumentiert, dass wegen der Hängeohren folgende Schäden und Schmerzen vorprogrammiert seien:

1. Widder hören etwas schlechter
2. Widder leiden häufiger an Ohrenentzündungen und damit Schmerzen
3. Widder würden sich in Gruppenhaltung häufiger an den Ohren verletzen
4. Widder haben ein eingeschränktes Gesichtsfeld also keinen Rundumblick
5. Widder könnten weniger gut mit Artgenossen kommunizieren, weil die Ohrstellung nicht verändert werden kann

Als leidenschaftlicher Widderzüchter möchte ich dem Interessenten unserer Widderkaninchen kurz unsere Antwort zum Vorwurf der Qualzucht darlegen:

1. Ja, Widder hören nach persönlicher Erfahrung etwas schlechter, aber sie sind nicht taub. Das verursacht keine Schmerzen oder Leiden. Ganz im Gegenteil sind Widder in der Heimtierhaltung weniger schreckhaft und empfindlich gegenüber Geräuschen in der menschlichen Obhut. Widder gelten als generell sehr entspannte Kaninchenrasse. Einige Tierschützer

argumentieren, dass Widder nur deshalb so lieb seien, weil sie vor lauter Ohrenschmerzen in eine Art Ruhehaltung verfallen. Sie können sich bei uns im Garten davon selbst überzeugen, dass unsere Widder mit voller Lebensfreude und Höchstgeschwindigkeiten durchs Gelände rasen. Glauben sie mir, die Gutmütigkeit der Widder ist nicht schmerzbedingt.

2. Dass Widderkaninchen häufiger an Otitis, also schmerzhaften Ohrenentzündungen leiden, ist wissenschaftlich so NICHT belegt. Studien, die Tierschützer anführen, sind bislang nicht repräsentativ und durch die Untersuchung von unterschiedlich alten und erkrankten Tieren auch nicht aussagefähig. Das Durchschnittsalter der Tiere in der Studie von Reuschel war 4 Jahre und untersucht wurden nur Tiere, die schon wegen einer Vorerkrankung in der Klinik vorstellig waren (vgl. Reuschel 2018). Diese Studie hat unter anderem bestätigt, dass die Anatomie des Widderohrs anders ist und sich dadurch mehr Ohrenschmalz (Cerumen) ansammeln kann, wodurch Ohrenentzündungen begünstigt werden könnten. Es wurde also eine Prädisposition (also eine mögliche Neigung zu Ohrenentzündungen) im Alter nicht aber eine Prävalenz (eine überdurchschnittliche Anzahl an tatsächlichen Ohrenentzündungen) wissenschaftlich nachgewiesen. Unter Umständen kann es beim Widderohr sinnvoll sein, präventiv regelmäßig die Ohren zu spülen, so wie es viele Hundehalter auch bei ihren schlappohrigen Freunden tun. Tierschützer argumentieren, dass jedes Widderkaninchen im Laufe des Lebens wahrscheinlich eine schmerzhafte Ohrenentzündung entwickeln würde, welche aber unentdeckt bliebe, weil man sie durch den abgeknickten Gehörgang ohne Computertomografische Aufnahme (CT) oder ohne Röntgenbild gar nicht diagnostizieren könne. Es wird vom Tierschutz weiterhin behauptet, dass diese versteckten Ohrenentzündungen von Kaninchen nicht angezeigt würden, weil Kaninchen als Beutetiere Schmerzen eben "verheimlichen". Anders ausgedrückt, sollen alle Widder angeblich zeitlebens an einer sehr schmerzhaften Entzündung der Ohren

leiden, die niemand sehen oder nachweisen kann, es sei denn der Widder wird in ein CT gelegt. Da nun bislang kein Wissenschaftler augenscheinlich gesunde Widderkaninchen in einer Versuchsreihe auf verdeckte Ohrenentzündungen testen wollte, fehlen wissenschaftliche Nachweise.

Das alles sind gute Gründe warum bislang die Widderkaninchen in Deutschland offiziell NICHT als Qualzucht eingestuft worden sind. Ganz im Gegenteil stehen viele Widderrassen auf der roten Liste der aussterbenden alten Nutztierrassen und deren Zucht wird öffentlich gefördert.

3. Verletzungen kommen in Gruppenhaltung von Kaninchen generell bei allen Kaninchen häufig vor, was wissenschaftliche Studien vor allem in der Masttierhaltung von Kaninchen gezeigt haben. Demzufolge ist allgemein die Gruppenhaltung von Kaninchen unter bestimmten Voraussetzungen kritisch einzustufen und weniger die Art, wie beim Kaninchen die Ohren stehen/hängen. Forscher, die Wildkaninchen untersuchen, identifizieren die unterschiedlichen Individuen einer Kolonie sogar über das Verletzungsmuster der Ohren, das bei jedem Wildkaninchen vorhanden ist (trotz ihrer Stehohren).

4. Ja, Widderkaninchen können nicht nach schräg hinten schauen und wären in der Wildnis demzufolge ihren Feinden ausgeliefert und hätten einen deutlichen Nachteil gegenüber ihren Stehohrkaninchenverwandten. In der Obhut des Menschen entsteht allerdings durch das eingeschränkte Gesichtsfeld KEIN Nachteil oder Leiden oder Schmerz für das Kaninchen.

5. Widder zeigen in Großgruppen mit Stehohrkaninchen KEINE Auffälligkeiten in ihrem artspezifischen Verhalten und haben KEINE Nachteile in der Rangordnung o.ä. gegenüber den Stehohrkaninchen. Kaninchen kommunizieren anders als Hunde oder Pferde gar nicht mit den Ohren, da sie weitsichtig sind und sich in der Nähe auf Geruch und Tastsinn verlassen. Ihre Augen sind spezialisiert auf die frühzeitige Wahrnehmung von potentiellen Feinden in der Dämmerung. Sie sehen also auf die Ferne

gut und in der Nähe eher schlecht. Kommunikation unter Kaninchen findet aber immer auf die Nähe statt, was man gut erkennt, wenn man Kaninchen vergesellschaften möchte. Stehohrkaninchen bewegen ihre Ohren in verschiedene Richtung, um Geräusche besser orten zu können. Diese Bewegungen dienen NICHT der Kommunikation mit anderen Kaninchen.

Festzuhalten bleibt, dass laut Gutachten zur Auslegung von § 11b des Tierschutzgesetzes (Verbot von Qualzüchtungen) durch die Sachverständigengruppe Tierschutz und Heimtierzucht KEIN generelles Verbot der Widderzucht in Deutschland geboten ist.

Wenn Sie sich dennoch aufgrund der oben vorgebrachten Argumente Sorgen machen, dass Widderkaninchen eine qualzuchtrelevante Rasse darstellen, die mehr Ohrenpflege und unter Umständen teurere medizinische Betreuung braucht, dann sollten Sie natürlich auf andere Kaninchenrassen umschwenken. Leider stuft der Tierschutz so gut wie alle Liebhaberrassen als qualzuchtrelevant ein. Hermelin und Zwergkaninchen wegen des Zwergenfaktors und angeblich zu kurzen Kopfes, Löwenköpfchen und Teddykaninchen wegen des schnell verfilzenden Fells, Satin und Rexkaninchen ebenfalls wegen des Fells, das zu wenig Schutz vor der Witterung bietet, Löffelohren wegen der zu kleinen Ohren, die die Wärmeregulation stören usw. Stattdessen raten manche Tierschützer dazu sich weniger empfindliche Rassemixe zu kaufen. BITTE TUN SIE DAS AUF KEINEN FALL! Rassemixe stammen nie aus seriösen Zuchten und werden durch die disproportionierten Körperverhältnisse garantiert schneller an Krankheiten leiden als ein Rassekaninchen. Auch der Rat dann doch auf eine größere Rasse oder Schlachtkaninchen auszuweichen, ist aus Liebhabersicht absolut abzulehnen. Größere Kaninchenrassen wurden allesamt auf Fleischgewinnung gezogen und sind körperlich nicht für ein langes Leben in der Liebhaberhaltung gemacht.

Die klassischen Liebhaberrassen zu denen auch die Zwergwidder gehören wurden jahrzehntelang auf Liebhabereigenschaften hin gezüchtet. Das macht einen sehr großen Unterschied. Natürlich kann auch ein mittelgroßes Holländerkaninchen oder ein Lohkaninchen oder ein Perlfeh oder ein Luxkaninchen ein toller Gefährte sein, aber diese ausschließlich in der Rassezucht angebotenen Rassen, werden von Rassezüchtern meist gar nicht an Liebhaber abgegeben und sind aus meiner persönlichen Erfahrung auch meist nicht so zahm wie die Tiere aus einer Liebhaberzucht.

Aufgrund des tiermedizinischen Fortschritts werden Heimtiere heutzutage natürlich auch viel älter als noch vor wenigen Jahrzehnten. Natürlich entwickelt auch jedes ältere Kaninchen irgendwann Krankheiten. Inwiefern sich im fortgeschrittenen Kaninchenalter eine Behandlung ohne Aussicht auf Heilung dann noch lohnt, müssen sie als Halter mit einem Tierarzt Ihres Vertrauens abstimmen. Dass alte Kaninchen wie alle Lebewesen irgendwann erkranken, ist kein züchterisches Versagen, sondern der natürliche Lauf der Dinge.

Miniwidder in Leipzig im Neuseenland

Abbildungsverzeichnis

Tabellenverzeichnis

Haftungsausschluss

Die in diesem Buch enthaltenen Angaben sind vom Autor mit größter Sorgfalt zusammengestellt und geprüft worden. Eine Garantie für die Richtigkeit der Angaben kann aber nicht gegeben werden. Der Autor übernimmt keinerlei Haftung für Schäden und Unfälle.

Impressum

Jasmin Putschbach
Engelbert-Wörz-Str. 3a
64354 Reinheim

Printed by Amazon Italia Logistica S.r.l.
Torrazza Piemonte (TO), Italy

67336655R00092